年轻时就要拼尽全力

未末小七 著

古吴轩出版社

中国·苏州

图书在版编目（CIP）数据

年轻时就要拼尽全力 / 未末小七著 . — 苏州 ：古吴轩
出版社，2017.10
ISBN 978-7-5546-0975-0

I.①年… II.①未… III.①人生哲学—青年读物
IV.①B821-49

中国版本图书馆 CIP 数据核字 (2017) 第 217276 号

责任编辑：蒋丽华
见习编辑：顾　熙
策　　划：王　猛
装帧设计：阿鬼设计

书　　名：年轻时就要拼尽全力
著　　者：未末小七
出版发行：古吴轩出版社
　　　　地址：苏州市十梓街458号　　　　邮编：215006
　　　　Http://www.guwuxuancbs.com E-mail：gwxcbs@126.com
　　　　电话：0512-65233679　　　　传真：0512-65220750
出 版 人：钱经纬
经　　销：新华书店
印　　刷：北京凯达印务有限公司
开　　本：880×1230　1/32
印　　张：8.25
版　　次：2017年10月第1版 第1次印刷
书　　号：ISBN 978-7-5546-0975-0
定　　价：36.00元

年轻，让人生有无数种可能

十八岁那年，身边的人对我说："你现在是大人了，再过几年就可以嫁人了。"

二十岁那年，身边的人对我说："给你介绍个不错的男孩吧，你们相处一下，合适的话，等你大学毕业后，就领证结婚。"

二十五岁那年，身边的人对我说："现在都不敢轻易给你介绍男朋友了，感觉他们越来越配不上你了。"

身边的人跟我唠叨了七年，终于学会了沉默，并认可了我的决定。

不知道有多少次，他们试图给我"洗脑"，告诉我早点嫁人的种种好处。比如，不必再辛苦挣钱了，因为有男人养；比如，不至于一个人孤身在外了，因为有男人陪……

他们说得绘声绘色，我不由得脑补画面：和心爱的人一起做饭、吃饭，散步、逛街，养一只宠物，生一个孩子，这不就是神仙眷侣般的生活吗？

可是，头脑清醒以后，我突然意识到一个很严重的问题：为什么我必须依附男人才能实现自己的人生价值呢？

婚姻并不是我的终极目标，能够做自己想做的事，实现自己未实现的梦想才值得我倾尽一生。

而他们向我描绘的那种美好的婚姻生活，就像是旅游景点的宣传片，总是极力展现最好的一面，却隐藏了背后的琐碎与争吵。

我不想在人生刚开始的时候就被婚姻桎梏，我想趁着年轻让人生有更多可能。我不希望自己像公园里的小树那样，刚伸展枝丫就被园艺工人拿着大剪刀"咔嚓"一下，剪掉了新枝，再被修剪得平平整整。我希望自己是大山中的一棵小树，哪怕无人问津，至少可以肆意地活出自己想要的姿态。

人生也是这样，我们没必要按照他人的安排去生活，只需努力活出自己想要的样子。

而我想要的，就是让自己的人生更加丰富多彩。我想折腾，趁着年轻尽情地折腾。

我不要过那种一成不变，一眼就能看到头的生活。

那样的生活看似安定，可一旦安定成为常态，你便会对生活失去热情。今天和昨天一样，明天又和今天一样，而你就在不断重复的日子里逐渐老去，直到离开人世。

人生短短几十年，你真的不想为这个世界或者为自己留下点什么吗？

我给自己的答案是，我非常非常想。于是，我变得不安分，并遇到了那些像我一样不愿安分的人。

我们是一群执着而又倔强的人，可以为了自己心中的梦想拼尽全力。

也许，在很多人眼里，我们不够成熟，我们做事太过随性，但年轻不就是这样吗，敢爱敢恨，爱玩也爱拼。

我们努力走出去，遇见更多的人，遇到更多的事，然后慢慢形成自己的世界观。

人生的转折点往往就是那几个人、那几件事所决定的。你交什么样的朋友，你做什么样的事，最后决定了你有什么样的人生。

所以，请不要过早地追求安稳，你要趁着年轻，不停地折腾，不断地试错。你要努力认识自我，知道自己是什么样的人，适合做什么样的事。

人生的真谛不就是发现自我、认识自我吗？

唯有真正了解了自己，你才不会被他人的言论影响，才知道谁的话是真正为你好，谁的话只是在误导你。

这个世界远比我们想象中要大，也远比我们想象中要复杂，有时我们会受伤，有时我们会胆怯，有时我们甚至想放弃这个世界。

但我们还是要努力向前。只有见过了黑暗，才懂得光明的来之不易；只有见过了社会的复杂，才懂得单纯的难能可贵；只有努力拼搏过，才可以安然地说岁月静好，现世安稳。

让我惊讶的是，很多人年纪轻轻，却活出了老年人的状态，不敢闯、不敢拼。

他们怕闯荡时碰得头破血流，他们怕拼到最后一无所有。

他们忘了，年轻时有的是时间和精力，怎么能说一无所有呢？

很多人说："你说的我都懂，但我现在已经二十几岁了，再不结婚就被剩下了，再不生孩子就是高龄产妇了，再不安定下来就可能漂泊一生了。"

可是，如果你害怕来不及，为什么还不行动起来？如果你向往安稳的生活，你是否有足够安稳的资本？

你安于现状，就能一生安稳吗？

这真的很难，公司中任何一次裁员减薪，家庭中任何一员生病住院，都有可能打破你精心营造的现世安稳。

那看似坚不可摧的安稳，其实不堪一击。而那时，你可能会悔恨自己年轻时没有努力奋斗，可是，一切都为时已晚，因为改变不易。

改变，是一个实实在在的动词，需要你认认真真地去行动；改变，也是一个完完全全的名词，因为每一次改变都是艰难的、痛苦的，甚至牵一发而动全身。

所以，改变要趁早。你要趁着年轻，多走几条路，这样在发现此路不通时，还能及时换一条路。

年轻时，人生的可能性太多太多了，你一定要拼尽全力，活出自己最想要的那种状态，而不能一成不变，被生活的车轮碾在地上。最后，祝愿你永远有一颗年轻的心，永远给自己创造改变人生的机会。

目录

∩　Part 1

这世界不允许任何人安于现状

Part 2

别在二十几岁，就过完了你的一生

Part 3

奋不顾身嫁给爱情，而不是安稳

Part 4

你若不屈服，生活又能把你怎么样

Part 5

拼尽全力，成为一个有本事的人

Part 1

这世界不允许
任何人安于现状

那些阻挡你改变的，不过是你刻意找的借口。

如果你有改变现状的决心，

哪怕现实再强硬，也不可能束缚住你。

别再屈服了，是时候为自己找一种新活法了，

毕竟，这世界不允许任何人安于现状。

只有拼尽全力，才能说顺其自然

01

中午和妈妈聊天，妈妈说："人呢，哪天生、哪天死都是命中注定的事，生死有命，富贵在天，凡事都要顺其自然。"

我说："什么是你以为的顺其自然？没有生在富贵的家庭是不是就要得过且过、顺其自然呢？有病不去治疗，坐着等死，就是顺其自然吗？长得丑不去打扮，一直丑下去就是顺其自然吗？长得胖不去减肥，一直胖下去就是顺其自然吗？"

妈妈说："我说不过你，行了吧？"

妈妈就是这样，做人做事，不争不抢，也不懂得拒绝。

吃亏了，她就安慰自己吃亏是福；被人欺负了，她就安慰自己好人一生平安；没有得到想要的东西，她就安慰自己平平淡淡才是真。可是，这又怎么样呢？

别人只会觉得她好说话、好欺负、好软弱。

我不喜欢听她说的那一套道理，与"成事在天"相比，我更相信"谋事在人"。

自从我树立了自己的人生观之后，我就试图扭转妈妈的旧观念。我告诉她，自己想要的东西就要努力得到，哪怕不能天长地久，曾经拥有也是好的；我告诉她，要学会拒绝，自己不想做的事情，就不要委屈自己；我告诉她，被人欺负了就要反抗，大多数人都是欺软怕硬的；我告诉她，咱不惹事，可事情来了也不能怕事；我告诉她，做人、做事不要太敏感，说错了话，做错了事，错了就是错了，能弥补就弥补，弥补不了，睡一觉后就忘了吧，没人会太在意的；我还告诉她，一辈子不长，爱自己比爱别人更重要，对待外人无需太好，你掏心掏肺，最后可能发现那个人狼心狗肺。

在我看来，妈妈是一个很傻的人，傻到让人心疼。她总是为别人考虑，可是最后呢，她才是那个最容易被忽视的人。

妈妈说，我不像她，也不像我爸。

我说："幸好不像你们，要不然我这辈子还得走你们的老路。"

妈妈说："女孩子野心不要太大，结婚生子，平平淡淡过一生就好了。"

可是，如果我能力不够，挣钱不多，嫁个凑合的男人，过着碌碌无为的生活，整天为柴米油盐操碎了心，这样的生活就能平淡吗？

02

真正的平淡，应该是努力拼搏，经历风雨以后的云淡风轻。而不是你还未全力以赴，就为失败找好了借口。

人生就像一场比赛，既然决定参与，就应该抱着拿奖的信念去努力，而不是还没开始就告诉自己"重在参与"。

也许，你体力不支，中途放弃；也许，你突发疾病，提前退赛，但不管怎样，你至少都努力去争取了。哪怕你没有机会得奖，也可以毫无遗憾地说，顺其自然吧。

最怕的是，你什么都没有做，或者没有尽力去做，就安慰自己顺其自然。

以前我也觉得做人、做事何必太过认真，所以总是一副吊儿郎当的样子。失败了，不仅不反思，还心安理得地告诉自己，重要的是过程，而不是结果。没有得到自己想要的成绩，就安慰自己体验更重要，重在参与。

可是，我发现，除了真正爱你的那几个人以外，真的没人会在意你做事的过程，没人会关注你是否参与。

他们只想知道你做事的结果——是成功，还是失败。

有时，自己也努力了，只是没有拼尽全力，最后失败了。我说我努力了，甚至夸大自己的辛苦。

可是，谁又会心疼你的辛苦呢，他们只会说："那又怎么样，这依然不能改变你失败的事实啊！"

所以，别再拿重在参与来掩饰自己的不努力，这是一个充满竞争的社会，你不去争取，你不够努力，就永远得不到一些东西。

别再说什么结果不重要，人生重在参与。

03

你事事都抱着重在参与的心态，可是你的重在参与真的没有多少人会在意，因为人们都只盯着最后获胜的那几个人。

人生当然可以说重在参与、顺其自然，但那应该是成功者的谦辞。

我希望你的顺其自然是拼尽全力后的处之泰然，我希望你的顺其自然是真正用心后的淡然平和，我希望你的顺其自然是与命运抗争后的乐观向上，而不是你什么都没有做，没有努力去追求，就高调地宣称顺其自然。

你未曾拼尽全力，就说要把一切交给时间。可你知不知道，时间是不会怜悯任何人的。

时间是一个存钱罐，你存一分钱，它就会有一分钱。可如果你一分钱都不曾放进去，即使你抱着它一辈子，它也不能给你一分一毫。

所以，你要学会对自己的人生负责，真的想做一件事，就投入百分之百的努力，而不是给自己的努力打个折扣，再安慰自己重在参与。

当你真的拼尽全力去追求之后，你才更有底气说顺其自然。

三十岁后，你拿什么养活自己

01

奔三的年纪，一想到自己没有一项拿得出手的技能，我就会感到恐慌。

我问朋友小K，三十岁后，他打算拿什么养活自己？

小K开玩笑说，找个女朋友，让女朋友养。

小K是个IT男，就职于某知名跨国公司，每天出入高档写字楼，经常出差满世界飞，年纪轻轻就年薪几十万。

小K这份光鲜的工作曾一度让我羡慕不已。但他说，他只是表面光鲜而已，背后的艰辛不是外人能想象的。

前段时间，华为集团三十五岁以上老员工被裁员的消息一出，我问小K是不是真的。

小K说，应该不假，说完又补充了一句："我也快三十岁了，离被炒鱿鱼的日子也不远了。"我坚定地说不会的，不会。小K说："干我们这一行的，如果不尽快跻身管理层，那么等到公司引入大量年轻人以后，老员工被淘汰是迟早的事。"

想想也是，职场就是一个拼体力、拼智力、拼努力的地方。你年龄越来越大，精力大不如前，如果不能经常给自己充电，思维逐步固化，加之上有老，下有小，就会处处受限。

古人总说三十而立，而现在高房价、高物价的压力，让我们不仅三十很难而立，而且还要时刻警惕着自己被极速变化的社会淘汰。

职场压力大，生存压力大，自身技能没有提高，房子、车子、老人、孩子都压在年轻人的肩上，茫茫然不知路在何方。

很多人都说，迷茫是青春的标配，其实，迷茫是伴随我们大多数人一生的状态。

02

这个时代，努力奋斗只是生活的保障，想要过好一生还需要很多附加技能，比如格局，比如远见。

格局狭隘、目光短浅，哪怕再努力也只能碌碌无为。

这也是为什么很多人兢兢业业地工作，最后却成了第一批被淘汰的人。

其实，失业并不可怕，失业之后发现自己无路可走才是最恐怖的事情。

不久之前，在网上看到一位三十七岁女硕士的求职信。她是一位毕业于国内顶尖大学的高才生，在外企工作了十年，因部门关闭而被裁员，于是只得重新找工作，但投了几个月的简历，好似石沉大海，没有公司录用她。

她的要求在很多人看来一点也不高，工作待遇短期内月薪三五千元，两年内能达到一万元左右就可以。而且她能吃苦，能接受高强度工作。

她投了很多自己本专业相关的和翻译类的工作，可都杳无音信，希望渺茫。

看到这里，很多人又该宣扬"读书无用论"了。但如果你细细想想，就会发现，这位女硕士被辞退以及现在面临求职困境，其实和自身有很大的关系。

死守着一份安稳的工作，希望可以安稳地度过一生。工作多年，却没有发展工作之外的任何技能。

就像有句话说的，对很多人来说，二十年的经验，其实只是一年的经验被重复了二十次。

这样的人，就像一台不停重复运转的机器。每天按部就班，开关打开就工作，开关关闭就休息。看似利用价值很大，可是一旦有一天，机器使用太久，报废了，便会被公司无情地扔进废品处理站。

而自带附加技能的人，就可以立刻把自己改装成新的机器，继续被使用。那些安于现状的人，只能被当作废铜烂铁贱卖。

2009年，美国旧金山湾区101号公路上一张广告看板上直截了当地写着："海外有一百万人可以做你的工作，你有什么特别？"

如果你做着别人也可以做的工作，那么，你只能处在一个可有可无的位置。

只有稀缺性，才是你与别人竞争的撒手锏。

03

如何让自己在三十岁以后，面对中年危机时，能更好地应对危机呢？我有几点建议：

第一，努力做好本职工作，不断成长。

趁着年轻，选一份有挑战性的工作，努力把自己的本职工作做得出色。

年轻时，成长比成功更重要。成功只是一个结果，成长却会让你的人生有尽可能多的结果。

所以，工作中要不断提高效率，尽量把工作做到极致。记住，你不只是在为老板打工，更是在为自己的未来积蓄能量。

第二，珍惜自己的时间。

永远记住一个道理：你的时间比金钱还要贵。少一些群聊，少抢几个红包，少玩几把游戏，你的生活并不会损失什么。

你只有在年轻的时候，充分利用好自己的时间，等到年老的时候，才能获得时间上的自由。

第三，努力发展自己的爱好。

很多人年少时都有一个梦想，成为作家，成为画家，成为音乐家，等等，但最后只有一小部分人实现了自己的理想。因为大多数人走着走着便迷了路，忘记了自己的初心。

不妨趁着工作之余，重拾年少时的梦想。喜欢写作，就努力看书、练笔；喜欢旅行，就不要整天躺在床上玩手机；喜欢服装设计，就在周末报个班开始学……

努力把爱好发展成一门可以挣钱的职业，如果有一天你因厌倦了职场的重压而辞职，依然可以靠着自己的技能养家糊口。

第四，学会投资理财。

年轻时，不一定要有很多钱，但一定要有理财理念。该花的钱你没办法节省，不该花的也绝不铺张浪费。

每个月预留工资的百分之二十作为固定存款，不到万不得已的时候坚决不动，然后多了解一些财经知识。

所有投资中，最好的投资莫过于投资自己，真正的不动产并不是房子、车子，而是你的大脑——它才是你可以带在身上一辈子，任何人都偷不走的东西。

这世界不允许任何人安于现状

01

朋友阿雪大学毕业后，开始时不敢步入职场，便在家待业半年多。她每天胡吃海喝，不注重保养，半年下来，胖了二十多斤，从原本身材苗条的女生变成了自己最嫌弃的"土肥圆"。

好看的衣服穿不上了，阿雪心里烦躁不堪，想减肥又懒得运动，想节食又管不住嘴。于是破罐子破摔，每天穿着睡衣在家里晃来晃去。

街坊邻居经常在她背后絮絮叨叨："这么大的姑娘，也不工作，还要靠父母养活，花这么多钱供她上大学，真是打水漂了。我家孩子以后要这样，我非打断她的腿不可。"

这些话慢慢就传到了阿雪父母的耳朵里，爱面子的父母脸上挂不住了，回到家里对阿雪软硬兼施，告诉她必须出去工作。

阿雪犯愁了，她无计可施，便和我们这帮大学舍友诉苦："姐妹们行行好，帮我找个工作吧！"

我们建议她做销售，一来不需要学历，二来不需要经验，门槛低，而且能学到很多东西。

阿雪叹了口气说："可是需要口才呀，这是我最欠缺的了。"

"口才可以练的呀，没有谁天生就是做销售的料。"

"不行不行，做销售压力太大了，我吃不消，还是找轻松一点的工作比较好。"

"那就做客服吧，有客户来咨询，你帮忙解决，按部就班地工作就行了。"

"客服呀，我最怕客人有问题投诉了。你们不知道，好多人生气的时候会直接把问题怪到客服身上。再说客服一般是换班制，我最受不了熬夜工作了。"

"你大学的专业是英语，那就进外贸公司或者教育机构吧，专业对口，学以致用。"

"哎呀，就我这英语水平还是算了吧。我都后悔当初选了英语专业，白白浪费了四年宝贵的大学时光，我要是当初选服装设计就好了。"

"那你现在工作之余也可以去学呀！"

"现在才学，你们不觉得为时已晚吗？别人早已在服装设计这条路上走得很远了，我才开始去学，差了这么一大截，你们觉得还有意义吗？"

我们一群人面面相觑，实在无话可说。

后来，阿雪还是工作了，先在一家公司做文员，待了几个月觉得不适应，果断辞职，然后找了第二份工作，接着又是第三份工作……

她的生活陷进了工作、辞职、失业、工作、失业、再工作、再失业的恶性循环，终日抱怨不断，整个人充满戾气，好像全世界都亏欠了她一般。

阿雪每次跟别人提到自己的工作，都会情不自禁地来上一句："命途多舛啊！"

似乎只要她这么说，就可以把自己目前糟糕的现状统统归咎于命运不公，而不是她自身的问题。

02

薛之谦说过一个段子："小时候觉得这个世界不公平，后来发现这个世界就是不公平。"

也许很多人凭借显赫的家世就可以吃喝玩乐一辈子，而很多人不仅没条件吃喝玩乐，还要拼命挣钱养家糊口。

虽然薛之谦也感慨世界不公，但是别忘了他接着还有一句话："但是不公平是好事，他会让你更努力。"

阿雪的境况越来越糟，其实是她自己对待生活的态度，以及自身的思维模式所导致的。

细细分析一下她大学四年和工作三年这七年时光，就会发现这一切都是她咎由自取。

大学期间，别人没课的时候不是泡在图书馆就是出去兼职，或者参加一些社团活动，而阿雪晚睡晚起，别说泡图书馆了，还偶尔逃课。对她而言，出去兼职更是不可能，她觉得大学生做兼职挣不了多少钱，以后有的是时间去工作，何必急于一时，不如好好享受这难得的四年大学时光。至于参加社团活动，她觉得那纯粹是浪费精力。

别人大学四年学了很多知识，靠兼职养活了自己，认识了一群志同道合的朋友，而她除了几个舍友外再也没有其他朋友，甚至连恋爱都没谈过一场。

工作了以后，她没有好好去提升自己的能力，遇到问题总是习惯性地问别人，从来不想着主动思考解决。工作中犯了错，也觉得别人是小题大做，从来不主动反省。

其实，真正限制阿雪的并不是外界环境，而是她不愿意改变。

她把自己困守在自己的世界中，不愿接受别人的建议。她从不反思自己的过错，做任何事都带着一种"差不多"的思想，而不是努力做到极致。面对未来，她更多的是害怕与恐惧，她不敢迎接挑战，她拒绝接受一切新鲜的事物。

所以她不想改变，习惯安于现状。

03

当你发现自己工作不顺、生活不如意、人际交往出现问题的时候，是否想过这也许并不全是外界的原因，而是你根本就不想去适应、去调整、去找到状态，更不想自我提升。

有这样一句话："拥抱生活的人，生活也拥抱他。远离生活的人，生活也远离他。"

当变化来临的时候，一些人能及时调整自己，适应新的变化，还有一些人墨守成规，不愿改变。可想而知，他们的人生将会是两种截然不同的境遇。

　　每个人都有趋利避害的本性，面对未知，我们总是习惯于逃避。可是在飞速变化的现代社会中，害怕未知并不能成为我们不去改变的理由。

　　有时候适当恐惧是件好事。当你担心自己的无所作为会导致事态更加严重时，恐惧会促使你立即采取行动。但是，如果恐惧已经束缚住你的手脚，以至于你什么也做不成，那就真的是一件很可怕的事了。

　　那些阻挡你改变的，不过是你刻意找的借口。如果你有改变现状的决心，哪怕现实再强硬，也不可能束缚住你。所以，别再屈服了，是时候为自己找一种新活法了，毕竟，这世界不允许任何人安于现状。

没有哪一份工作是不辛苦的

01

中午吃饭，同事林皓冷不防地说："我要走了。"

"去哪？"

"辞职！"

我们目瞪口呆："你这才工作一个月就辞职，吃错药了吧？"

林皓说："我根本就不适合这份工作，工作时间长，工作压力还大，辞职对我来说是一种解脱。

"那你当初为什么要来这里应聘？"

林皓撇了撇嘴说："我当初不是不了解情况吗，谁知道一进来就让我做销售，而且还是电话销售，多么没前途的工作啊。"

我们劝他："你真的想好了吗？千万别一时冲动。"

林皓说："谢谢你们的好意，我真的想好了。"

"那你是裸辞，还是已经找到新工作了？"

林皓说："裸辞，以后准备找一份相对轻松的工作。马云不是说过吗，员工辞职主要有两个原因，一是钱没给到位，二是心委屈了。我觉得这两样我都占了。"

看着林皓一脸决绝的样子，我们知道再怎么劝也是无济于事的。

也许是因为林皓年纪比我们小吧，看问题总是比较简单。工作太累，就换份轻松的工作；压力太大，就找份压力小的工作；不喜欢这份工作，就潇洒辞职。毕竟世界那么大，工作那么多，何必非在一个地方待到发霉呢？

年轻人敢于对自己不喜欢的工作说"不"，是一种勇气；敢于重新选择，是一种魄力；敢于追随自己的内心，是一种幸福。

但当你还没做出任何成绩的时候，在别人看来，你的潇洒离开只是在掩饰自己的无能，别人会觉得你是因为怕苦、怕累、怕困难而选择了放弃。

也许你会说，我真的是因为不喜欢这份工作才选择离开的。也许是，但你问问自己的内心，如果自己业绩很棒、能力很强，你还会这么轻易地说走就走吗？

其实，等到你再多一些人生阅历和社会经验，再长几岁，就会发现，没有哪份工作是不辛苦的。

每一份工作，哪怕一开始再怎么喜欢，时间久了，你也会觉得枯燥无聊。

谁在工作中没有消极情绪呢，但真正有能力的人，发完牢骚后，同时会进行反省，然后重新燃起工作热情。

如果你在工作中总是消沉低落，最后以一句"我不干了"让自己得到解脱，那只能说明你确实能力不济。

对于本事不大、脾气不小的人，其实老板巴不得你早点离开呢。

02

连续两周加班到深夜，我终于累倒了，发烧、嗓子疼、牙龈疼、脖子疼，全身都疼。

本以为自己的情况已经很严重了，到公司一问，同事小米的状况和我的类似，同事贝贝的情况更严重，连续咳嗽半个月都没时间去医院。

又过了几天，贝贝熬不住了，终于请假去医院做了体检，医生说是咳嗽太久，肺部有了一点病变，嘱咐她一定要多休息。

我们都劝贝贝，请个病假休息一段时间吧。贝贝叹了口气说:"我还有这么多工作,哪能请假休息? 一边吃药调理,一边上班吧。"

也许在外人看来,每天出入高档写字楼,坐在电脑前动动嘴巴和手指是件很轻松的事,但其实身心所受的压力并不小。

每一份工作都有其艰辛之处,体力劳动者羡慕脑力劳动者工作环境的舒适,脑力劳动者则羡慕体力劳动者工作性质的单一。

每个人都在一边抱怨自己的工作,一边羡慕着别人的工作。可反过来看,你想辞掉的那份工作,也可能正是别人使尽浑身解数想得到的。

03

网上经常有一些关于各类工作的汇总分析文,其中有一篇讲的是哪些工作表面光鲜,实际上很艰辛。

比如记者,听起来"高大上",但实际上既辛苦又危险。哪个地方地震了,火灾了,刮台风了,记者都要不顾危险,在前线播报情况。

比如演员,在聚光灯下风光无限,可他们拍戏时经常寒暑颠倒,还要吊威亚做高难度动作,熬夜赶场子更是习以为常的事,这并不是人人都能做到的。

比如医生，在外人看来是一个神圣的职业，救死扶伤。可是，从事这一行不仅要胆大心细，还要面临医患纠纷，压力不是一般大。

每份工作都会有不尽如人意的地方。就像追求某个女生，追到手之前，总是把她想象得完美无缺，真正在一起了才发现，原来她也有脾气不好的时候，原来她的素颜也不惊艳，原来她也会把脏衣服攒几天再洗。

道理相通，你后来的种种不满，都是工作本来的样子，只是你之前把它想得太过美好而已。

你要明白，大多比你职位高、工资高的人，都付出了更多的努力与艰辛，只是他们不会告诉你罢了。其实，你所看到的只是别人想让你看到的，你没看到的那一面才是他们真正的实力。

大多数人的智商都相差无几，如果你想比别人优秀，除了拼努力还能拼什么呢？

这个世界上没有几个人的工作是不艰辛的。所以，少一点抱怨，多一点脚踏实地吧。就像三毛说的："梦想，可以天花乱坠，理想，是我们一步一个脚印踩出来的坎坷道路。"

你不努力读书哪里有出路

01

表妹小时候不爱学习，高中一毕业就外出打工了，现年二十四岁的她已经是一个三岁孩子的妈妈了。

春节刚过完，表妹就带着孩子跟老公一起去浙江打工了。前几天给她打电话，她又开始抱怨学历低找不到好工作，挣钱太难。

表妹夫妻俩学历都不高，也没什么手艺，只能找了份在餐馆当服务生的工作。他们把孩子放在托儿所，一年学费六千多块钱，刚工作没几天，工资还没拿到，带去的钱已花去了大半。

为了省钱，表妹一家三口挤在一间月租只有二百多块钱的出租屋里。由于没有热水洗澡，每天晚上九点多下班回来后，表妹还得拖着疲惫的身体烧水、洗澡、洗衣服。

我没见过表妹租的房子，甚至想象不出它到底有多么糟糕。我只能类比一下相似的情景，那是我在苏州工作期间，男男女女六七个人合租一套公寓，我那间十几平方米的简陋小房间，每月也要七百块钱的房租。还记得男朋友第一次来做客的时候，在公用厨房、卫生间转了一圈后，万分嫌弃地说："我真的想象不出，在这么差的环境里你是怎么生活的。"

而现在对于表妹的蜗居，我也是真的想象不出，在那么差的环境里他们是如何生活的。

不，不应该是生活，应该是生存才对。

现在表妹时常悔恨自己当初太贪玩，不知道用心学习，要不然现在也不会这么辛苦了。

可是，木已成舟，现在后悔真的有点晚了。

02

爸爸的发小小时候家里穷得叮当响，两间泥土房东倒西歪，墙上的缝隙大得可以伸进一双手臂，不得不用木头架子支撑起来。

即便是如此艰苦的条件，一家人依旧省吃俭用供他上学，后来他不负众望考上了大学，并成为当地一所高中的校长。现如今，他家虽然算不上大富大贵，但与村子里通过体力挣钱的同龄人相比，已是小富即安了。

爸爸的发小每次开车回老家，总是语重心长地教导老家的孩子们："你们是农村孩子，现在不努力读书，将来指望做什么能有出路？"

是的，身为农村孩子，你不努力读书，哪里会有出路？老话说"三百六十行，行行出状元"。这话不假，可是对于农村人来说，你不通过升学这条途径走出去，那么你的出路几乎就是在家种地、外出打工，而且所从事的工作大多需要付出极大的体力。

很讨厌一些人对农村孩子宣扬"读书无用论"，说大学生不是照样找不到工作吗？是的，有些大学生确实找不到工作，个别原因可能是社会就业压力大，竞争比较激烈，但更多还是归咎于他们自身。

你想，如果读书都没有用的话，那么不读书不是更没有用吗？

现在，这个社会是知识人才的社会。如果你仍在宣称读书无用，那只能说明你读的书还不够多，或者说明你还不懂得学以致用。

03

前段时间为了申请去瑞典的签证，我加入了几个在当地定居的华人创建的微信群。

从大家的交谈中得知，如果你申请的工作签证是瑞典的大公司发的邀请函，那么很快就能通过；如果是瑞典的一些中餐馆因招聘厨师而发的邀请函，可能要等几个月，移民局才会决定批不批准。

这里不存在任何歧视，只不过你的技能不是该国急需的，移民局的人当然要不同对待了。不要觉得不公平，人性如此，哪个国家的人都不例外。

在这些华人里，我认识了一些被大公司请去工作，最后定居瑞典的朋友。

其中一个朋友，四川贫困农村出身，一路升学考入上海的大学，后来留在上海工作。

刚工作的时候待遇低，他挤在一个月租几十块钱的地下室里，每天骑着一辆破自行车上、下班。由于他勤奋肯学、积极上进，又能吃苦，短短几年就在公司崭露头角，后来一次偶然的跳槽机会，他被瑞典某跨国公司看中，邀请他去瑞典工作，并给了他不菲的工资。

　　我想告诉大家，对于农村的孩子来说，不读书的话出路真的很窄。只有通过读书，人生才会有更多选择，出路也会更加宽阔一些。

　　身边有很多人确实被"大学生毕业也找不到工作"、"大学生毕业不是照样打工"、"读很多年书还不如早些出去打工挣钱有用"这些话误导。

　　所以，我必须告诉他们："不读书，真的没有什么出路！"

没有功劳，苦劳有什么用

01

芳芳是我实习时的同事，我们都喊她芳姐。

我的第一份工作是在上海一家外贸公司做销售，公司里的同事大多是年轻人，最大的也只有三十多岁，所以大家都比较聊得来，工作氛围也算轻松。

第一次见芳姐的时候，我们都以为她也刚毕业不久，因为她看起来瘦瘦小小的，人也很开朗，整天笑嘻嘻的，一副不谙世事的模样。

有一次大家在午饭时间闲聊，芳姐提到她老公，我们才知道原来她已经结婚了，而且孩子都八九岁了。

我们目瞪口呆，不停地说："完全看不出来，还以为你也和我们差不多大呢。"

芳姐哈哈大笑说："我进公司都有七年啦。"

我们再次目瞪口呆："原来芳姐是咱们公司的元老级人物呀！"

然而，作为元老级人物，芳姐的工资却几乎没有涨过，一直停留在三千多块钱。

我们很不理解，都说老板真是太无情，在公司待了这么久的老员工，就算没有功劳也有苦劳啊，一个月三千多块钱的工资在大城市根本就不够生活的。

好在芳姐是上海本地人，家里经济条件也不差。

可是，我们这群职场小白依然私下为她打抱不平。

后来，有一段时间，公司会计有事，老板就让芳姐暂时负责一些公司日常开支的事务。因为公司不大，所以日常开支并不是很多，也就是员工一些车费报销、快递往来的费用。

让我们吃惊的是，这么简单的事情却搞得芳姐焦头烂额。

芳姐一直有乱丢东西的坏习惯，自己的办公桌永远搞得乱乱的，每次东西一找不到了，就翻天覆地地满办公室找。

听同事说，她在家里也是如此，衣服丢得到处都是，好在她有一个心细的老公，总是一件件帮她整理好。

这次，有一张发票找不到了，对不上账目，老板肯定是要怪罪下来的。

芳姐慌里慌张地给老公、婆婆都打了电话，让他们在家里找。没找到，于是又把老公叫到了办公室里，帮她一起找。

找了大半天终于找到了，原来发票被她随手夹在一本书里了。

找到发票以后，芳姐高兴得差点哭出来。

可是，哪里有时间哭呀，找到发票只是第一步，重要的事情还在后面呢，统计文档她还没来得及做呢！

芳姐坐在电脑面前慢吞吞地计算，公司里的人都下班了，她老公陪着她一起加班。

最后，她老公实在看不下去了，就自己直接动手做了。两个人忙到半夜十一点多才做完。

第二天，芳姐一到公司，就叫苦连天地狂喊辛苦。

可是，她的辛苦又何尝不是自找的呢？

如果她平时把文件整理好，就不会在要用的时候到处乱找；如果她平时工作能力强，就不会因为做个文档加班到半夜。

02

这件事也让我们明白了为什么芳姐在公司待了这么久，依然没有升职加薪。

你不能为公司创造更多的价值，凭什么要求公司给你更多的奖赏？

职场本就是一个凭能力说话的地方，你的价值永远与你的个人能力相匹配。你工作能力强，那么升职加薪是迟早的事。即使这家公司你不满意，也会有其他公司争着、抢着要你。如果你能力不够，不仅没有资格谈条件，可能连谈辞职的勇气都没有。

就像芳姐，她之所以在这家公司工作了七年，并不是因为这家公司好，或者自己喜欢待在这里，而是因为离开这里后，她不知道自己还能去哪里。

如果想让别人重视你，就要努力提升自己，让自己有拿得出手的本事，并且能够持续创造价值。

讲情怀、喊辛苦、谈苦劳都是没用的，没人会在乎你有多勤奋，没人会在乎你有多辛苦，人们在乎的只是最后的结果，在乎的只是你有没有为公司创造价值。

03

有这样一则寓言：

小鸡对母鸡说："妈妈，你今天别下蛋了，带我出去玩吧。"

母鸡说："不行的，我要工作。"

小鸡疑惑地说："可你已经下了很多蛋。"

母鸡意味深长地对小鸡说："一天一个蛋，主人才会留我啊，否则他会杀鸡吃肉的。孩子你要记住，生存的前提是你能创造价值，而且是持续创造价值。过去的价值并不能代表未来的地位，所以每一天都得努力啊！"

是啊，如果你不能持续创造价值，公司为什么要留你呢？公司又不是你的父母，你不能创造价值，凭什么养你一辈子？

公司也不是一个讲情怀的地方，你说自己每天加班到半夜，你说自己每天第一个到公司，你说自己工作很努力，可是如果你业绩不好，谁愿意听你说这些呢？

对他们来说，这些统统只是借口，说得多只会让人笑话你太笨："这么努力，业绩依旧不佳；这么勤奋，还不是不懂方法。"

与其说自己努力，倒不如说自己不够努力，这样别人或许会相信你还有进步的空间。

可是很多人依旧喜欢说自己很努力，好像这样就可以忘记失败的事实。

也许你真的努力了，用心了，但还是希望你可以再想想有没有其他成功的方法，因为有时你的失败可能是因为方法不对。

比如，有些人真的很勤奋，但他的方法不对，就会导致事情的结果与预期相差太远。

很多事情，光有勤奋是不够的。比如，你减肥时，整天不吃饭，最后把自己饿晕了，也没有瘦多少，但如果你按照健身教练的指导，饮食均衡，运动适度，也许很快就会见到成效。

方法有时真的比努力更重要，但这并不代表努力就不重要。

但不管你是真的努力了，还是只是喊着努力的口号，你都不要轻易说没有功劳也有苦劳。

真的，拿不出功劳的时候，苦劳很难打动人心。

所谓拖延，无非是对自己不够狠

01

生活中很多人都有做事拖延的习惯。

早上你来到公司，不慌不忙地打开电脑，刷一会儿网页，浏览一会儿新闻，看一会儿好友动态，再去倒杯咖啡，然后和同事聊几句。

你想着反正时间还早呢，不必着急，等一会儿再开始工作也不迟。到了中午，你才意识到还有很多工作没有做，于是下午开始着急起来，拼命加快速度，但下班时依旧有一些工作未完待做。

几个月以前，你计划考一个证书。参考书买来了，你放在书架上，从来不看。一有空，你就玩游戏、看电视，甚至在微信上和一群人群聊到深夜。你想着反正时间还早呢，也不差这几天，考前最后一个月再努力也不迟。不知不觉间，距离考试的时间越来越近，最后一个月，最后半个月，最后十天，最后一周……你这才发现再学有点来不及了。

很久以前你就计划去某个地方旅游，可是一想到旅游要花钱，要花时间，你就犹豫了。看着别人时常来一场又一场说走就走的旅行，而你却是一次又一次彷徨不决。

你有很多想做的事情，可你总是一再拖延，总觉得自己还没有准备好，还不能开始。

其实，很多事情并非等到你万事俱备、胸有成竹时再去做才会成功，机会不等人，抓住机会才是成功的关键。

人生如同一场冒险，每一个明天都是未知，我们所能做的就是摸着石头过河，在实践中不断总结教训、摸索经验。

如果你还未改变自己，如果你还未战胜拖延，那只有一个原因：你对自己还不够狠。

很多成功，是你无数次坚持到底、绝不拖延后水到渠成的结果。

拖来拖去，不仅白白浪费了时间，而且要做的事依旧摆在那里，只多不少。

当你突然想去做的时候，却发现自己堆积了太多未做的事情，不知从何下手，于是你变得恐惧、变得焦虑，甚至想要逃避。

比如减肥，你总是想着多吃一点没关系，吃饱了才有力气减肥。等到有一天你发现自己再也穿不上S码的裙子了，才意识到要减肥。而这时，减肥比最初难了不止一倍，减肥的痛苦也让你无法忍受。

再比如工作，除了公司要求的加班外，还有很多加班都是你的工作效率不高、做事过于拖延导致的。

还记得我做第一份工作的时候，老板要求每天给他发一份当天的工作总结。

其实这件事，只要我抓紧一点，完全可以在下班之前写完。但我经常习惯性拖延，想着下班回去再写也不迟。

当时，我和公司的两个女孩合租，下班后大家一起吃晚饭，吃完饭通常逗留到十点钟才肯回去。

回去以后洗漱好，打开电脑，一边写工作总结，一边聊天、刷微博、看视频。

本来十分钟可以写好，却拖延到两个小时才写好。

当时，我还觉得自己很厉害，人家一心两用，我一心可以三用、四用。现在想来，这分明就是在虚度时光啊！

02

很多人并没有意识到自己每天磨磨唧唧做事的行为就是拖延。

改变拖延这种习惯很痛苦，他们早已习惯了自己的做事方式，如果让他们突然加快速度、提高效率，做事不再磨磨蹭蹭，他们反而觉得不适应。

习惯拖延的人，对时间观念往往很淡漠。同时，他们的时间也是最不值钱的，总想着反正自己空闲时间多，提早完成也就没事做了，还不如慢慢做呢。

拖延也有可能是因为时间安排不合理，做事不能集中精力，经常把这件事做一半，然后又开始做另一件事，导致自己的时间过于碎片化。

还有人害怕做出决定，有"选择恐惧症"，因而造成了拖延。他们总想着"我不能这么草率地做出决定，我要三思而后行，我要多方比较"，却没有意识到时间就是在他们左思右想、犹豫不决的时候悄然流逝了。

03

如何克服拖延这个坏习惯呢？我有以下建议：

第一，设定目标，给自己的计划列一个清单。

目标不要设定得太高，低一点会让自己更有成就感。目标也不要设定得太遥远，一年两年内你要如何，五年十年内你又要如何，都是不现实的。计划永远赶不上变化，别说一年以后，就是一个月以后的事情也不是你我可以预测的。所以，最简单的就是把今天的事情做好，然后再去规划明天。

第二，养成睡前总结全天工作的习惯。

每天睡前，总结一下自己今天有哪些事情没有做好，有哪些已经完成，还有哪些需要修改。然后，计划一下明天要做哪些事情，并一一写出来。不需要太多，只写下明天你要做的五件重要的事情即可。

为什么要睡前做计划，而不是第二天早上做计划？

因为睡前做计划，你的大脑会在你六到八个小时的睡眠时间里帮你思考这些事项，这样第二天你一觉醒来就知道自己该做哪些事情了。

第三，在规定时间内必须完成任务。

有压力才有动力，如果现在有人拿刀对着你，让你立刻把一件事做好，你做事的速度就会出奇惊人。

所以有时必须对自己狠一点，做一件事情之前，给自己定一个时间，规定自己要在一个小时或者半个小时之内完成。

这段时间关闭与外界的一切联系，静下心来做事，这样你会发现自己的效率提高了很多。

第四，采取适当方法评判自己的工作。

你要奖罚分明。对于计划内的事，如果自己没按要求完成，就适当惩罚，比如不能吃某种好吃的东西，或者做多长时间的运动；如果自己按要求完成了，就适当奖励，比如看一个短视频，或者吃一份甜点。

你也可以把自己要做的事告诉别人，请别人严格监督。想想你今天立下的承诺，如果你不努力实现它，会不会觉得很没面子？

第五，按轻重缓急给每件事分类。

画一张四象限图，分出哪些事情是重要紧急的，哪些事情是重要不紧急的，哪些事情是紧急不重要的，哪些事情是不重要也不紧急的，然后去逐一完成计划好的事。

总之，你必须有执行力，想做一件事就立马去做。选择恐惧症、决策恐惧症，很多时候并不会让你变得深思熟虑，反而会让你犹豫不决，从而错失良机。

所谓试错，只有尝试了，才知道对错，你连试都没有试，就在那里担心这个担心那个，未免太过杞人忧天。

不要害怕犯错，只要你不断从错误中总结经验教训，总会找到正确的方法。

对自己狠一点，你不逼自己一下，怎么知道自己就一定做不到呢？

你想要的，就自己去努力得到啊

01

你有没有想买的衣服，因为太贵，超出自己的购买能力而不得不放弃，或者退而求其次？你有没有想做的工作，因为自己能力不够而屡屡应聘失败？你有没有喜欢的人，因为自己不够优秀而不敢轻易表白。

有时，你是不是也向往那种"面朝大海，春暖花开"的美好生活？有时，你是不是也想来一场说走就走的旅行？有时，你是不是也对某个心仪的人充满幻想？

你想得到很多很多，这并不是贪婪，这只是人性，追求更好，得到更多，本来就是无可厚非的事情。

只要是自己努力挣来的，再多也不为过。

可是，人生中大多数时光，我们想要的很多，最后得到的却很少。

是不是很可悲？

但这种可悲可能是你自己一手造成的。

02

想过上"面朝大海，春暖花开"的美好生活，前提是你得有一定的经济做支撑。

小时候，我也以为"面朝大海，春暖花开"的生活很简单平凡，似乎只要伸伸手，就可以触碰得到，似乎迈开步伐，一路向东，就可以抵达。

长大后，我才发现，原来"面朝大海，春暖花开"的地方都建着海景房，没钱，还真住不起。

想来场说走就走的旅行，兴致勃勃地查了机票、酒店、旅游景点，最后发现钱包太瘦，真心撑不起自己这小小的梦想。

想过诗一般的生活，想体验什么是诗和远方的田野。可是，眼前的工作一团糟，生病请假都困难，诗和远方只能是一句随便说说的情怀。

想追到喜欢的女生，可是自己身无长处，又怎能期许得到女生的青睐呢？

这就是理想与现实的差距，一个丰满到珠圆玉润，一个骨感到瘦骨嶙峋。

可是，这个世界认可一个人的努力。你的每一分努力，都会得到相应的回报，只是或多或少而已，但积少也可以成多。

03

也许，我们努力奋斗一辈子也无法过上那些"富二代"所拥有的生活，但至少我们可以努力让自己的生活在原有的基础上越来越好。

你的后半生怎么样，很大程度上取决于你前半生的选择和努力，而你前半生的选择和努力，主要靠二十岁到三十岁这人生最美好的黄金十年。这十年，你是拿来努力奋斗，还是得过且过，都由你自由支配。

你总要做点什么，才能得到你想要的生活。

最怕你只是说着想要，身体却很诚实地躺着不动。
最怕你觉得自己暂时不配拥有，就选择退而求其次。
最怕你觉得自己不够优秀，就选择得过且过。
你想要的很多，但真的没人会给你什么，这很正常，因为你想要的，只能靠自己去努力争取。

Part 2

别在二十几岁，
就过完了你的一生

你是决定努力奋斗，还是就这样得过且过；

你是决定勇敢地迎接挑战，还是对未来心生恐惧；

你是决定咬牙坚持，还是选择半途而废。

决定权就在你自己的手里。

不是生活改变了你原本娇艳的容颜，

而是你自己过早地放弃了自己。

年轻人，没事不要老躺着

01

年前，和前同事小琪在微信上聊天。

她说："我决定辞职了。"

我说："你在这家公司已经工作三年了，可以跳槽了。那你离职后打算找什么工作呢，还是教育行业吗？"

小琪说："还不确定呢，不过世界那么大，我想先去看看。"然后，她发了一个调皮的表情。

我隔着屏幕微笑，她还是那样的性格，大大咧咧、率性直爽，永远是一个不安分的疯丫头。

前段时间，我刷朋友圈时无意间看到小琪发的一段话：

"人生总是有无数个相逢与离别，感恩每一个出现在自己生命中的人，感谢你们陪我走过一段又一段旅程。每个人都不忍心面对离别，但有时又身不由己，因为我们都有自己的路要走。也许彼此怀念，并且各自安好，就是对对方最好的承诺了。"

看到这些，我知道她要开始一段全新的人生之旅了。

再看到她的消息时，她已经在旅行的路上了。

她和一群志同道合的驴友唱着、跳着、疯着、笑着，开着一辆车从丽江一路驶入西藏。

他们吃着泡面，啃着面包，沐浴在阳光中，穿得简简单单，吃得简简单单，住得简简单单，却笑得纯净而又幸福。

小琪不停地在朋友圈里分享着沿途的照片，那种兴奋快乐，隔着屏幕都可以感受到。

也许一次旅行未必就能让一个人的人生有多大的改变，但年轻时多出去走走，多看看外面的世界，人生就会多出一些色彩。

小琪是一个坐不住的人，即便是休息日，她也不会整天躺在床上刷手机、看电视剧。

用她的话说就是，年轻人就要对这个世界保持一颗好奇心，这样才不枉此生。

所以，不管平时工作多忙、多累，只要一到休息日，她都会出去走走。骑着单车，去某个书店、某个咖啡馆、某个景点，或者某条老街。

什么样的女生最吸引人？我想就是像小琪这样的姑娘吧。明媚，简单，乖巧，独立，而又有点不安分。

她就像一阵风，轻柔地吹来，你感觉到神清气爽的时候，她又轻轻地从你身边拂过，悄悄地跑到下一个地方了。

你想去追，又跟不上她的脚步。于是，只能在心里怀念那曾经的相遇和美好。

02

有些人会说，年轻人爱旅行，爱看这个世界不是一件再正常不过的事情吗？

好像未必吧。爱旅行、爱看这个世界只是大多数年轻人的想法，而不是做法。

年轻人总是有无限的想象，但想象与行动之间却有着极大的差距。

双休日过后，我回到公司工作，闲聊时问同事们周末都干了什么，大多数人的回答是，平时工作那么累，双休日还能干什么，当然是好好睡上一觉，补充消耗的精力了。

"那总不至于睡上一整天吧？"

"这个倒没有，睡到中午，然后叫了份外卖。吃完又躺在床上，刷刷手机，看看电视，再打打游戏，不知不觉就到晚上了。"

"天气这么好，不出去走走呀？"

"太累了，不想出去。"

"那在家里看看书，学学英语也不错呀。"

"觉都补不足，起床后头还是昏昏沉沉的，哪有心情学习啊！"

……

我无法再继续聊下去，因为每个人的人生都由自己负责，别人说再多也无济于事。

网上有一句话："你夜都不敢熬，床都不敢赖，课也不敢逃，懒都不敢偷，还好意思说自己是年轻人吗？"

想想真是可笑，什么时候起年轻人的标志从青春积极、活力无限变成偷懒耍滑了？

然而，很多年轻人非但不觉得这种思想三观不正，还乐此不疲地分享、转发，并以此为荣。

好像晚上不熬到半夜三更，白天不赖床到日上三竿，就不配被称为年轻人。

不知他们有没有想过，如果整个青春时光都是躺在床上度过的，那么以后拿什么来纪念逝去的青春呢？

是刷不完的朋友圈，还是追不完的电视剧？

年纪轻轻，明明应该活力无限，很多人却活得暮气沉沉。想想真是可悲。

03

你在朋友圈里叫嚣着"世界那么大，我想去看看"。

可是，世界那么大，你不走出去，老是躺在家里，又怎么能看到美好的事物？

你明明才二十几岁，却活出了八十岁老人的生活状态。你的生活方式是有多么"超前"呀！

朋友甜甜最喜欢抱怨的一件事情就是找不到男朋友。

甜甜长得不错，身材超好，可就是一直脱不了单。

开始，我们也觉得很奇怪，可是自从了解了甜甜的生活状态后，我们就觉得她单身是很正常的事情了。

甜甜很喜欢宅在家里，准确地说是宅在床上。

很多人的爱好都是看书、旅游、美食等，甜甜的爱好就是睡觉。

是的，你没听错，她最喜欢做的事就是睡觉。

她可以连续几天都躺在床上，如果不是要吃饭、上厕所，你真的会以为她生病下不了床了。

由于经常躺着不运动，她的皮肤变得越来越差。

这样的女生，没有追求，没有活力，连自己的生活都把控不好，男生凭什么喜欢她？

也许你会说，现在网络这么发达，你只要有手机、有网络，就可以与这个世界相连。

你可以知道世界上发生的重大新闻，可以看到各地的风土人情，甚至可以与不同国家的人交流。可是，躺在家里看到的世界只是虚拟的景象，各地的风土人情你依然不能实地感受到，各个国家的人你也无法面对面交流。

你看似与世界相连，其实，当你躺在家里的那一刻，你就与外面的世界隔绝了。

生时何必久睡，死后必定长眠。年轻时多出去走走，年老了才有记忆去怀想。

有一段时间，葛优在二十多年前的一部情景喜剧《我爱我家》中的一张瘫躺剧照，在没有任何宣传、任何营销、任何炒作的情况下，走红网络。短短几个月，成为人们转发收藏的爆款图片。

葛优瘫躺的图片反映了一种颓废负面的形象，但它却受到很多年轻人的喜爱。

现代的年轻人社会压力巨大，什么都不想干，就这么躺着，是他们最渴望的生活方式。

可是，你总是躺着，最后只能面临被世界改变的境遇。

就像电影《后会无期》中的一段话：

"小伙子，你要多出去走走的。"

"可我的世界观和你的不一样。"

"你连世界都没观过，哪来的世界观。"

出来混，模样很重要

小时候，父母可曾这样教导过你："一定要好好学习，不要总想着臭美打扮，长得漂不漂亮不重要，能力才是最重要的。如果你没本事，长得再漂亮也不能当饭吃。"

我相信很多父母都会这样教导自己的孩子，因为外表只是皮囊，能力才是皮囊里实实在在的填充物。

我们知道以貌取人是不对的，是对别人的不尊重，可是世界上的大多数人都避免不了以貌取人，你的心灵再美，别人第一眼真的很难看到。

知名主持人杨澜在《作为女人，你必须精致》里说，有一段时间，她面试屡屡碰壁，原因是面试官认为她的形象与简历上的样子不相符。杨澜觉得，只要面试官给她一个展现能力的机会，就一定可以消除对她的误解。可是由于形象不够好，她始终得不到展现能力的机会。

后来，杨澜开始注重自己的形象，开始精心打扮自己。渐渐地，她发现穿戴整洁能让别人尊重自己，穿高跟鞋和使用口红能让自己得到更多人的青睐。于是，她变得越来越自信，她的优秀形象也为她赢得了展现能力的机会。

现实生活中，我们一再强调，不要过分关注一个人的外表而忽视了其内在的品质。但我们也要认识到，一个人的名字就是一个名牌，一个人的形象就是一张名片，衣着得体、外表端庄是对他人的尊重，也是自我成熟的表现。没有人愿意透过你的邋遢外表，去发现你优秀的内在。

02

作为女人，你必须精致。

比起精致，我更喜欢的一个词是精美，精致而美丽，可以说是优雅，也可以说是气质。漂亮的人很多，但漂亮与气质不能等同。有些人漂亮，但只是一种世俗的美；有些人不漂亮，但举手投足尽显优雅。

也许有人会说，你一直在强调外表的重要性，不觉得很肤浅吗？不，一点也不肤浅，就像我们每个人都喜欢钱一样。因为不管是金钱还是外表，它们都是伴随我们一生的东西，我们需要它们。

每个人对美丑的认知都不是后天形成的，而是天生就有，正所谓爱美之心，人皆有之。

还记得前段时间那个纽约医生迈克吗？他经常在社交软件上发自己的照片，被大家发现后迅速走红于网络，一跃成为"全球最帅的医生"，随后各种广告邀约、大批粉丝向他袭来。

可见，出来混，模样还是很重要的。如果外形不够好，很容易被人无视。

03

我有个朋友丫丫，典型的文艺女青年，画得一手好画，写得一手好字，弹得一手好琴，因为不会下棋，所以没有做到琴棋书画样样精通。

丫丫的父母就她一个宝贝女儿，所以总是想把全部的爱都给她。丫丫就像温室里的蚕宝宝一样，被父母养得白白胖胖。因为光吃不运动，她身高160厘米，竟然重达150多斤。

丫丫不仅胖，而且从来不打扮自己，戴着一副近视眼镜，头发乱蓬蓬的，脸胖乎乎的，穿着肥肥大大的衣服，二十几岁的年纪，却是一副中年大妈的形象。

丫丫大学毕业找到工作后，父母开始为她的婚姻大事着急，委托各种熟人给她介绍对象。可是，丫丫约见了一个又一个男生，最后都不了了之。不是她看不上别人，而是别人一看到她，就以她很可爱但只适合做普通朋友为由委婉拒绝了。丫丫越来越觉得，原来"可爱"也算不上一个多么好的褒义词。

电视剧里男主角不都会爱上灰姑娘的吗，可是为什么现实中的差别就那么大呢？眼见着终身大事前途渺茫，丫丫终于下定决心减肥了。

我不知道她在减肥的过程中是何等艰辛，但最后她终于成功了，从150多斤的体重减到了110斤左右。

瘦身后的丫丫人自信了很多，开始臭美起来，做起了发型，化起了妆，把框架近视眼镜换成了隐形眼镜，穿上了高跟鞋……最重要的是，她追到了自己一直暗恋的男生，在工作中也更受人尊敬了。

04

我经常在网络上看到一些人减肥成功的案例，看到他们晒自己瘦身前后的对比照，真的不敢想象两张差别很大的照片中竟然是同一个人。

2016年的热播剧《克拉恋人》中，那个又胖又难看的米美丽做了整容手术、成功瘦身后，变身为米朵，不仅追到了暗恋已久的男人，事业上也有了巨大的进步。而在她变身之前，那个男人曾一度对她万分嫌弃。

虽说是电视剧，但折射到现实中的道理还是相通的。拥有一个美好的形象，对每个人都很重要。当然，我并不建议大家为了美好形象去整容。形象好只是引起别人关注的条件之一，未来相处得怎么样，还得看个人内在的一些东西。

大家常说时间就像一把刀。我认为，对于勇于改变、不断追求美好的人来说，时间就是一把金刚刀，在它的打磨下，这个人会变得更加优秀精美；而对于安于现状的人来说，时间就是一把杀猪刀，在这把刀的摧残下，不仅美人发福，帅哥也发福。

看着人们在岁月中不断变化的模样，你有没有一种物是人非的感觉？或为他们的勇于改变而赞叹不已，或为他们的安于现状而无限感慨。

05

走入社会，参加工作，个人的外在形象也会直接影响我们的面试结果和职场发展。外在形象是直观地展现在别人面前的，这就是所谓的第一印象。比如你去买毛绒玩具，你最先注意的一定是哪个毛绒玩具更好看，而不是哪个毛绒玩具里面的填充材料更安全环保。

据著名形象设计公司英国CMB对三百名金融公司决策人的调查显示，成功的形象塑造是获得高职位的关键。

另一项调查显示，个人形象会直接影响收入水平，那些更有形象魅力的人收入通常比一般同事高14%。虽然职场中工作能力很关键，但同时也需要注重自身形象的设计，特别是在会议、商务谈判等重要活动场合。

外在美与内在美从来都不是对立的，所以我们没必要去讨论二者究竟哪个更重要，而应该想方设法地让二者互相促进、互相结合，努力让自己成为秀外慧中的人。

心灵美了，更要完善外表美，而外表美了，更要发展心灵美。二者缺一不可。

很喜欢"内外兼修"这个成语，很多时候我们有着丰富的知识，有着很强的能力，有着优秀的人品，可是如果在外在形象上留下了败笔，这不得不说是一种缺憾，而这种缺憾恰恰是可以弥补的。

　　我们可以长得不美丽、不帅气，但美丽和帅气不一定是天生的，因为三分长相七分打扮。发型、穿着、体型、言行举止、为人处世等，只要调整得当，都可以为我们的个人形象加分。形容女性最美的一个词不是美丽，而是气质；形容男性最美的一个词不是英俊，而是魅力。

　　气质也好，魅力也罢，都需要我们不断去提升、不断去修炼。

　　所以说，出来混，你的模样真的很重要。"内外兼修"写出来只有四个字，但真正做到，恐怕要用一辈子的时间去实践。

女生不拼，怎么嫁得好

01

你今年多大了？

有没有恋爱呀？

这么大了，该结婚了。

女孩子的青春就那么几年，再不嫁人就不容易找到好人家了。

过日子差不多就好啦，高不成低不就，最后别把自己熬成"剩女"了。

这样的话不知身为女生的你有没有听到过，反正我是经常听到，所以只要在家我就很害怕去走亲访友。

前几天表姐又打电话来说："你天天在家也不出门，不无聊吗？"

我说："不啊，每天都有很多事情做。"

"哎，我说你这么大了还不赶快找个人嫁了，女孩子的青春就这么几年，一旦错过了大好年华，你长得再漂亮也难嫁得出去。"

我笑着说："不急不急，现在先以事业为主，等三十岁再结婚也不迟。"

表姐一听，气得问我："你是不是天天在家待久了，人也变傻了。"

紧接着，她喋喋不休起来：

"女孩子要这么拼干吗？不如嫁个有钱人，干得好不如嫁得好。你看丹丹嫁到我们县城去了，婆家有钱得很，家里有两台挖掘机，在外地又买了房子。

"丹丹没你漂亮，可比你聪明多了，上大学就和那男孩谈恋爱，大学毕业就赶紧结婚。结婚后，在家带带孩子，吃喝不愁。

"我当初就是傻，要是现在我像你这个年纪，我才看不上你姐夫，我一定要找个有钱人嫁了。你一定不要学我啊，你长得漂亮，赶紧找个有钱人嫁了，我们也可以沾沾光。"

表姐悔不当初。

02

嫁个有钱人，我也想，也有有钱的男生追过我。

可是，我还是不想为了找个有钱人养活而早早地把自己嫁了。

又是爱情与面包的抉择，为什么每次提到这个，人们总是把它们看作水火不相容的东西。好像你要了面包，便无法拥有爱情，你选了爱情，便要忍饥挨饿。

我承认我是一个贪心的人，面包和爱情，我两个都想要。

很多人都对我说女孩子不需要这么拼，嫁个有钱人就什么都有了。可是女孩子不拼，又怎么能嫁给有钱人？

天上从来没有掉馅饼的事情，你除了美貌以外一无所有，那么你嫁的那个有钱人也只是一个暴发户。

你图他的钱，他图你的貌，看似平等互惠，可是钱可以生钱，美貌却是一个不断贬值的东西。

小艾是一个美女，肤白貌美，身材高挑，一头美丽的长发更是让她风姿绰约，迷倒万千男人。

不过，她上学期间以美貌自恃，不学无术，混了个大学毕业证就和一个帅气的男生结婚了。

婚后小艾发现男生挣钱不多，给不了她想要的生活。很快小艾就离婚了，和一个有钱的男人在一起了。

然后，小艾便过上了阔绰的生活。

豪车开着，豪宅住着，衣服永远是最新款，每次去父母家里总是大包小包地买上很多礼物。

每个人提到小艾现在的生活都羡慕不已，麻雀变凤凰，从此飞上高枝。可是说起小艾现在的男人，每个人都摇摇头，表示两个人不般配。

那是一个油头油面的胖男人，脖子与肩膀之间没有任何曲线，走起路来，感觉头永远是缩着的，活像一只乌龟。

每个人都说真是一朵鲜花插在牛粪上了，牛粪就牛粪吧，好在可以把小艾养得更加鲜艳。

就在小艾以为可以凭着美貌被男人养一辈子的时候，一件不幸的事情发生了，她被查出了癌症——子宫癌。

从那以后，男人便不再碰小艾了，也很少回家，给小艾的钱越来越少。

小艾哭着要死要活，男人不闻不问。

小艾乞求男人回来，男人却给了她一纸离婚协议书，并配上了一笔够小艾做手术的钱。

为了手术费，小艾只能选择了离婚。

小艾这才意识到自己当初的选择错得太离谱，因为贪图享乐而放弃了那个真正爱她的人，因为不愿努力而选择一个互相都有所图的人。

最后的结局虽然可怜，但却是意料之中的结果。

03

没有人是傻瓜，那些有钱人更是聪明得很。你以为你凭年轻貌美就可以钩住他的心，让他死心塌地地为你花钱，却不知他为你花钱原本就是有所企图。

谁不想嫁个有钱人？可是如果我们除了年轻貌美以外，没有任何拿得出手的东西，你又有什么资本去嫁给有钱人。

如果两个人相处时，你拿不出任何可以在精神上与之对等交流的东西，那么你的地位终将被另一个比你更美貌的女孩取代。

漂亮女生即使只有美貌，也会有男人愿意养活，可是还有一些相貌普通的女孩也不愿努力奋斗，想着嫁个有钱男人，然后在家舒舒服服地当个全职太太，让老公在职场全力拼杀就好。

可是现实真的可以这样美好吗？

我至今依然忘不了在表姐家时，目睹的表姐和姐夫的那场争吵。

表姐和我在厨房做饭，一岁多的小侄子醒了，在床上哭个不停。

表姐喊姐夫哄一下宝宝。

姐夫嘴里答应着，身子却一动不动。

表姐又喊了他一次，他还是说"知道了，知道了"，然后手指在键盘上左右挥动。

表姐有点生气了，走到表哥面前，一看他正在玩游戏，气得把电源关了。

表哥正玩得起劲，看到屏幕黑了，气得火冒三丈，大骂表姐是不是脑子有问题。

表姐说："你看你天天下班回来做什么，孩子也不带，就知道打游戏。"

姐夫说："一家人都要我养，我上班有多辛苦你知道吗？你天天在家待着不就做做家务、带带孩子吗，连这点事情都做不好吗？"

然后两个人就你一句我一句地吵了起来。

相信很多女人都知道家庭主妇的辛苦，可是在很多男人眼里，家庭主妇就是在家里享清福。

04

经济能力决定家庭地位。

你是不用去职场打拼了，可你在家里的话语权也会相应减弱。

我记得一个朋友买东西的时候，总喜欢说等老公回家了和他商量商量。

这件东西她明明很喜欢，为什么还要和老公商量？因为她自从结婚以后就一直在家待业，不工作就没有工资，虽然老公的钱等同于她的钱，但是看到自己喜欢而又有点贵的东西，肯定不如花自己挣的钱那么爽快。

她说只要她买贵一些的东西，她老公总会不高兴地说她是一个败家娘们。

女生为什么要拼？

这就是女生要拼的原因。

我不想在买一件自己喜欢的东西时都要经过老公的允许，我不想结婚以后因为经济能力弱而被婆家瞧不起。

我想通过自己的努力成为一个优秀的人，然后遇见那个同样优秀的男人，那时我可以自信地站在他的面前，平等地相爱，不崇拜，也不抱怨。

哪怕他不够优秀，我也不用为了面包而放弃爱情。

就像有句话说的："我认真做人，努力工作，为的就是有一天当站在我爱的人身边时，不管他富甲一方还是一无所有，我都可以张开双臂坦然拥抱他。他富有我不用觉得自己高攀，他贫穷我们也不至于落魄。"

你才二十几岁，就把一生过完了

01

有一年的国庆假期，邻家姐姐苏晴从外地回老家，她听我妈说我经常在网上发表文章，很是羡慕，说我比她强，她大学毕业没几年就把学到的东西都丢光了。

一天下午我去找她玩，她问我："以后你准备专职写作了吗？"

我说："不是啊，现在我单靠写作还养不活自己，打算以英语翻译类的工作为主。"

苏晴说："我要是当初像你一样一直坚持学习就好了。"

苏晴大学刚一毕业就结婚了，然后顺其自然地有了宝宝，当了两年全职妈妈。

大城市的生活成本很高，一家人的花费全靠苏晴老公一个人支撑，而苏晴老公的薪水并不多，所以这几年他们过得很艰苦。

平日里，苏晴舍不得吃，舍不得穿，时不时还要忍受老公的冷言冷语，一个风华正茂的女生俨然成了伺候老公和孩子的老妈子。

苏晴很想出去工作，想拥有自己的事业，可是没人帮她带孩子，每月花几千块钱请保姆更是不可能的事。算来算去，还是自己在家带孩子比较划算，至少省了请保姆的钱。

聊到现实中的困境，苏晴难免会发牢骚，她说："我每天都过得浑浑噩噩，忙得像个陀螺一样，却又觉得自己什么都没做。"

我心疼苏晴，但只能安慰她说："姐，等宝宝再大一点，上学了，就好了。"

孩子的成长总是快得惊人，如今，苏晴的孩子已经上幼儿园了，为了接送孩子方便，她就在幼儿园当起了实习幼教。工资不高，但也能补贴一些家用。

我问她等孩子上小学了，她是继续在幼儿园工作，还是重新找份工作。苏晴说如果园长还需要她，她就在这里工作下去。

我又问她："姐，你有考虑过考教师资格证吗？"

苏晴说："我有想过，只是现在完全看不进去书。"

我点点头，表示理解，不再说话。

对于多年没有碰过书本的人，你再让她像上学时那样安安静静地坐下来看书，真的是太难了。

那一刻，不知道为什么我突然想到了罗曼·罗兰的名作《约翰·克利斯朵夫》里的一段话："大半的人在二十岁或三十岁时就死了。一过这个年龄，他们只变了自己的影子。以后的生命不过是用来模仿自己，把以前所说的、所做的、所想的，一天天的重复，而且重复的方式越来越机械，越来越说腔走板。"

而苏晴的生活也会如此吧，至少就目前来看，她已经放弃了求知与进取。

02

有一次和大学室友在微信群里闲聊，一个室友说："我现在最大的梦想就是赶紧找个人结婚，然后生个孩子。我觉得吧，女生挣的钱够养活自己就行了，养家主要还是靠男人。"

其中两个室友深有同感地说："就是的，就是的，再不结婚真的就成'剩女'了。"

又有一个室友说："我现在要是有对象，立马就回家结婚。工作真的好烦呀，谁来给我介绍一个男朋友？"

我打趣说："你们怎么变得这么恨嫁了。"

她们集体鄙视我说："你是饱汉不知饿汉饥，你有男朋友当然不着急了。"

我无语，我只是谈个恋爱而已，最后能不能携手走一辈子都还是未知数。

再说，有没有男朋友，与我们能否成为更好的人之间并不冲突。只是，这句话我没有说出口。

我隐隐觉得，我们之间的价值观已经有所不同，我说不出来是哪里变了，也许是我们追求的东西不一样了。

我正在努力变成更好的人，而她们希望赶紧找个更好的人嫁了。可是如果你自己不够好，就算找到一个很优秀男生，他是否就愿意无条件地养你一辈子呢？

很多时候，你过早地放弃自己，最后只能将就着去选择另一半。就算是真爱，也有可能毁在柴米油盐的家庭琐事中。

03

辩论节目《奇葩说》有一期的话题是"高学历的女生做家庭主妇是不是一种浪费"。

我认为，高学历的女生只要一直保持学习新事物的热情，对自己的未来有规划，有自己的理想与追求，即使做一辈子的家庭主妇也不会是一种浪费。

其实，家庭主妇也是一种职业，而且是一种很伟大的职业。

女人们虽然不去职场拼杀，可是她们也并未因此而放弃自我。

我认识的一位已婚女士，她把家庭主妇这份职业做得有声有色。她在家专门研究美食，做出的菜不仅好吃，而且花样百出。她学习做各种甜点、面包，家里有人过生日，她做的蛋糕竟然比蛋糕店里做的还要精致。

她没事的时候，就健身、读书、学外语，结婚多年身材依旧保持得很好，又因为看书多，整个人显得气质出众。

虽然她不工作，但是她从未放弃过对新事物的追求，永远保持着一颗少女般单纯而又充满好奇的心。

在她的教育下，孩子成绩优异、乖巧懂事。在她的陪伴中，老公事业有成，对她温柔体贴。她闲暇时当代购，也做得风生水起。

反观很多女人，结婚后便开始抱怨老公不够温柔体贴，抱怨自己为了这个家庭付出太多而得到太少，抱怨自己如何有眼无珠选错了男人。

她们从来没有反思过，为什么不抓住一切机会提升自己。要知道，不管婚姻怎样，命运始终掌握在自己手里。

你是决定努力奋斗，还是就这样得过且过；你是决定勇敢地迎接挑战，还是对未来心生恐惧；你是决定咬牙坚持，还是选择半途而废。

决定权在你自己的手里。

不是生活改变了你原本娇艳的容颜，而是你自己过早地放弃了自己。

她们以为人生的头等大事就是婚姻，以为嫁人了就是找到了最终的归宿，以为相夫教子就成了人生赢家，其实真不是。

你不学习、不思考，安于现状、不思进取，对新事物浑然不知，空有一颗想改变的心，却又总是得过且过，一边抱怨一边重复相同的生活。

你每天谈论的都是家长里短，你脾气变得暴躁，一点小事就抱怨不断，你的老公越来越觉得你烦，你的孩子也觉得你过于唠叨。

有一天，你照镜子，突然发现，自己怎么变成了这副模样——你再也不是那个单纯爱笑的女生了，你成了喋喋不休的妇人，却始终不愿改变。

你的人生一眼便可以望到尽头，虽然你会好好地活着，但你的人生其实已经死了。

你的生活方式决定你的人生

01

和一个在瑞典的朋友聊天,她说:"你知道吗,我觉得自己活了三十年,犯下的最大错误就是来瑞典。"

我偶尔会在微信朋友圈看到她抱怨瑞典的生活过于无聊,可我从未想过这对她来说竟如此糟糕。

"瑞典也没有你说得这么差吧,人少车少,平平淡淡,人活一生最好的状态莫过于这样的现世安稳了。"

"等你来了你就知道了,这边人烟稀少,娱乐活动更是少得可怜,每天的生活都是一成不变的,实在太过无聊。而且一年之中差不多有半年看不到阳光,待在这里感觉整个人都要发霉了,我到现在没得抑郁症已属幸运。"朋友越说越起劲。

"既然不喜欢那里，那你为什么不回来？"我问。

"肯定是要回去的，等我实在受不了这里了，就立刻买张机票回去。"朋友坚定地说。

如果她不打算回来，那么抱怨那边的种种不好，有什么意义呢？瑞典的生活虽然没有国内热闹，但依然有很多华人在那边把自己的小日子过得有声有色。

人生哪有那么多轰轰烈烈，平平淡淡才是真。她觉得那边的生活方式一成不变，可能是因为她对待生活的态度太过单一。

看到过一句话："你以什么样的态度对待生活，它就会以什么样的态度回报你。"

也许瑞典的生活确实有些无聊，但她只要用心经营，依然能发现生活的乐趣。

毕竟我们才是自己生活的主人，是微笑着度过一天，还是失落地度过一天，决定权在我们手中。只要我们愿意，即使再平淡无奇的生活，也能过得多姿多彩。

02

有一句话说："人生的快乐在于自己对生活的态度，快乐是自己的事情，只要愿意，你可以随时调换手中的遥控器，将心灵的视窗调到快乐频道。学会快乐，即使难过，也要微笑着面对。"

我在知乎上关注了一个用户，因为我很喜欢她写的一篇文章《热爱生活是什么样子的》。

她在国外定居，所在的小城人口很少，没有什么娱乐，没有什么景点，甚至连一个亚洲人开的超市都没有。

也许在很多人看来，那是一种荒凉和无聊的生活。可是在她的世界里，我却看到了另一种截然不同的生活态度。

在她的眼睛里，生活处处充满新奇与乐趣。她觉得这里一年四季都有美丽的风景，春天可以看万物复苏，夏天可以看草木繁盛，秋天可以感受秋高气爽，冬天可以体验银装素裹。甚至每一天的风景，只要细心观察，都会发现它们的不同。

她学做手工，学做烘焙，用简单的食材做出花样百出的美食，调制各种味道的饮料。

没事的时候，她就去健健身，或者学各种搞怪的妆容，或者听着音乐晒半天太阳。她变着花样将别人眼中一成不变的生活过得丰富多彩。

很多人都留言说，非常羡慕她可以把生活过得如此精彩。但我想说的是，这种生活我们每个人都有能力拥有，只是大多时候我们都丧失了对生活的热情。比如，学生经常用"四点一线"——教室、宿舍、图书馆、食堂来形容自己单调乏味的生活；比如，工作的人经常用"两点一线"——上班去公司、下班宅家里来形容自己一成不变的生活。

其实，究竟是生活一成不变，还是我们对待生活的态度一成不变呢？恐怕是后者居多。

生活永远不缺少美，缺少的只是发现美的眼睛。

03

如果我们都是热爱生活的人，又怎么会觉得昨天和今天一样，明天又是今天的重复呢？

今天遇到这样的人和事，明天会遇到那样的人和事。今天学到一个新知识，明天又学到另一种新技能。

明明每天都不一样，哪儿来的一成不变呢？

《一个人的朝圣》中，老人哈罗德觉得自己的生活一成不变，直到有一天他为了看望阔别多年的好友而选择徒步远行时，才意识到以前走过的路并不只是一片绿地。

他再次踏上同一条路，惊讶地发现绿地上还有高低起伏的田埂，周边还有高高低低的树篱。他忍不住驻足遥望，自觉惭愧：深深浅浅的绿，原来可以有这么多种变化，有些深得像黑色的天鹅绒，有些又浅得几乎成了黄色。可是这些风景，他以前怎么没有注意到呢？

这段长达313千米历经87天才走完的路，让原本对生活失去热情的哈罗德再次燃起了对生活的热情。他终于明白，一成不变的不是生活，而是他对待生活的态度。他以前失去了对生活的热情，才导致他对生活中的美好视而不见。其实生活的美好一直都在那里，只增不减。

巴西作家保罗·柯艾略说："我们要从平日司空见惯的事物中发掘视而不见的秘密。"

如果你用善于发现美的眼光观察这个世界，你就永远能看见天使的面容。

04

朋友桐桐和别人合租一套公寓，她的小单间只有十平方米左右，家具都很简单。可是就在这间小小的出租房里，她把自己的单身生活过得有声有色。

买了吉他，没事自弹自唱一曲；在网上报了英语课程，下班回来给自己充充电；为了拓展知识，买了很多书，睡前看上半小时；经常练习厨艺，隔三岔五就能学会一道菜。

　　房间虽小，但是她收拾得整洁有序，有花有草，文艺范儿十足。她和大多数同龄人一样，工作非常忙，可她从未忽略生活的乐趣。

　　她说："房子是租来的，但生活不是。我努力工作，就是为了更好地享受每一天的生活。"

　　生活不就是用来享受的吗？而享受生活的前提是，发现生活中的美好，从平淡的生活中创造出精彩。

　　很多人并不像桐桐那般热爱生活，同样是住在租的房子里，他们每天都过得很将就，他们觉得房子是租的，能省则省，没必要当成家一样去精心收拾。不过，即使他们真的有了自己的房子，也未必就收拾得如何美观。

　　热爱生活和你住的房子是不是租的没有关系。难道租的房子就不是暂时的家吗？只要我们住在里面，就应该让自己过得更舒适，不是吗？

　　房子是租的，难道我们的生活也要因此打折扣吗？

　　生活在哪里不重要，选择怎样的生活方式才重要。

　　生活在大都市，向往乡村的宁静；生活在乡村，又向往城市的繁华。

总觉得生活在别处，却不知生活从未在别处。

闹中可以取静，同样静中也可以创造热闹。关键在于你以怎样的态度去生活。

生活一直都在当下，如果你一直抱怨自己现在的生活不如意，不去想方设法改变。如果寄希望于未来，也许你未来的生活一样会不如意。

与其憧憬未来，不如努力过好当下。

你觉得生活一成不变，那就改变你对待生活的态度，用心发现生活给你的一切美好。

做一个热爱生活的人，用一颗欣赏一切的心去对待生活。耳得之而为声，目遇之而成色，那么生活处处都是美好，每一天都是新鲜的一天，又怎会一成不变呢？

作家大冰曾说："任何一种长期单一模式的生活，都是在对自己犯罪。明知有多项选择的权利却不去主张，更是错上加错。谁说你我没权利过上那样的生活：既可以朝九晚五，又能够浪迹天涯。"

是的，其他人无法决定我们过什么样的生活，只要我们对待生活的态度不是一成不变，一定能发现更多的精彩和乐趣。

本事越小，脾气越大

01

很多时候，我们对待外人热情友好，对待亲近的人却容易发脾气。

我们觉得不管自己怎样，家人都会包容我们的脾气。长此以往，我们变得更加肆无忌惮。

是的，不管我们如何对他们发脾气，他们都不会离我们而去；不管我们对他们如何发脾气，他们都会体谅包容我们。可是，这并不能代表我们的冷言恶语伤害不到他们。

还记得有段时间，我失恋了，整个人变得很暴躁，稍微不顺心就大发脾气，然后躲在房间里痛哭。

那段时间，父母从不敢在我面前大声说话，因为他们都怕我，怕我再发脾气，更怕我做出过激的行为。

我把自己隔绝在一个人的世界里，不许别人走进来，我觉得，此时此刻的自己是世界上最痛苦的人。

父母劝我好好吃饭，我不吃，再劝时，我就冲他们发脾气。

我以为自己是最伤心的人，可是有一次我无意中打开房门，看到一桌子的剩菜才知道其实父母比我更伤心。

他们做了一桌子我爱吃的菜，我没吃，他们也几乎没动。

我突然意识到自己这些天所做的错事，为了一个已经不爱我的人而痛彻心扉，再把痛苦发泄到爱我的父母身上。

我怎么可以如此残忍，怎么可以如此伤害爱我的亲人？

他们用无私的爱包容着我，而我却自私地伤害他们，对他们大发脾气。

我一直在努力成为一个更好的人，可是如果我连自己的情绪都控制不了，连对家人温柔和蔼地说话都做不到，那么即使我再优秀，也是一个失败者。

从失恋中走出来后，我开始改变，努力学会管理情绪，学会温柔说话，不再对亲近的人发脾气。

02

南怀瑾在《论语别裁》中讲述了一段很有趣的话："上等人有

本事没脾气，中等人有本事有脾气，下等人没本事有脾气"。

细细想想，确实如此。

大家都在说人人平等，但很多时候，人与人之间确实有高下之分，这个分水岭不是金钱与社会地位，而是脾气维度。

有些人说，人都有欺软怕硬的劣根性，脾气太好的人容易被人欺负。想想真是好笑，如果你没有本事，脾气再大，也不会让人肃然起敬，反而会惹上更多是非。

真正有本事的人，一定不会乱发脾气，而是谦卑有礼、温润如玉，让人忍不住想要与他做朋友，打心眼里对他信服。

我不能说有本事的人就都没有脾气，但他一定懂得如何合理控制自己的情绪，并善于换位思考。

有没有脾气是性格问题，能不能合理控制脾气却是修养问题。修养不够的人，更容易因为一点小事而暴跳如雷。

03

公司里有个女孩，家里特别有钱，虽然她平时待人很好，但只要别人跟她意见不合，她就会异常愤怒，指着对方的鼻子大骂："你凭什么管我，我可以用钱砸死你，信不信？"

这样一来，对方就不敢说话了，因为女生家里确实很有钱。

不过我觉得这个女孩即便被称为"白富美"，永远也只能是暴发户，而成不了真正意义上的名媛。

她仗着自己家境优越，而对别人颐指气使，就算长得再漂亮，那乱发脾气的模样也会让人感到面目狰狞。

有人说脾气来了，福气就走了。一个连灵魂都散发着香气的女子，一定懂得合理控制自己的情绪。

所谓气质优雅，不单单是外表，更是内在的涵养。

每个人都有自己的脾气，世界上的事情纷繁复杂，当我们郁郁不得志的时候，当我们心情低落的时候，当我们烦躁不安的时候，当我们伤心难过的时候……我们难免会脾气暴躁，看什么都不爽。

越是这个时候，我们越要努力克制自己，不能让自己轻易发脾气。

因为这时你的大脑是不够理智的，如果不加以控制，很容易做出过激行为。

缓解坏情绪的方法有很多，但肯定不包括对别人发脾气。

生活中有些人一旦感到不如意，就会破口大骂，甚至情绪失控，引发暴力事件。而这些爱发脾气的人，大多是没有作为的人。

没有本事的人才爱发脾气，除了发脾气，他们找不到其他可以引人注意的方法；除了发脾气，他们也找不到更好的宣泄情绪的途径。如果连脾气都没有了，他们会觉得自己更没用。

一个真正有本事的人，更懂得发脾气只能徒增烦恼，解决不了任何实际问题。

一个人的脾气，其实就是一个人的本事的外在表现，越无能的人越爱抱怨，越厉害的人越默默努力。

我喜欢那些低调做人、高调做事的人，不显山露水，不轻易抱怨，也不乱发脾气，但会用自己的行动去做好每一件事。

他们无须向别人炫耀自己是有本事的人，也无须用发脾气来显示自己的本事，因为他们知道，什么才是最重要的事情。

想做一件事，先别忙着发朋友圈

01

小齐在微信朋友圈发了几张穿着运动服跑步回来后大汗淋漓的照片，并配文字："只有对自己狠一些，才知道自己有多优秀，坚持，跑步！"

下面一帮朋友纷纷点赞。

可是，几天之后，小齐坚持不下去了，又在微信朋友圈发了条状态："其实，坚持运动也不一定适合每个人。"

嘉美和几个朋友在一家高档餐厅聚餐，拍下各式精致菜肴的照片，用修图软件拼成组图发在微信朋友圈里，并配文字："吃完这顿就要减肥了，每天五千米慢跑！"也引来一帮朋友纷纷点赞。

磊磊在微信朋友圈发了一堆备考书籍的照片，并配文字："要好好学习了，加油，努力就一定行。"

然后，每天依旧在朋友圈里各种晒图，却从来没见过他公布备考的成果。

菲菲很少在微信朋友圈发状态，我们发的状态她也很少来评论。我们都觉得她out（落伍）了，不合群。

后来才知道，就在我们每天拼命刷微信朋友圈的时候，她却利用这些时间考了BEC高级证书，还在网校报了一门日语课程。

有一次和她聊天，我问她，在微信朋友圈里为什么一点儿也不活跃。她说，只是不习惯。一来，不喜欢把自己的个人生活搞得尽人皆知；二来，自己只是个普通人，也不是大明星，不需要那么多人关注；三来，自己有很多事情要做，刷微信朋友圈太浪费时间。

02

一般来说，我们发一张自拍照，没有半个小时是搞不定的，我就是这样。拍自拍真的是一个繁琐的工作，先选好位置，再选角度，卡卡卡，连拍十几张，微笑的、大笑的、嘟嘴的，各种表情……

但这么多张照片去掉背景不好的、角度不好的、表情不到位的，最后筛选出来可能就几张满意的，然后再进一步美化处理。

美颜相机、美图秀秀等修图软件都要用上，美白、磨皮、瘦脸、瘦身、放大眼睛、亮眼、背景虚化、特效……

最后，发到微信朋友圈之前，还要绞尽脑汁、挖空心思，考虑配上什么样的文字才能更吸引人。

然后，一条微信朋友圈状态终于发出去了！

不，再等等，这还没完……

人天生就有希望被关注、被认同的心理。

我们在微信朋友圈发了状态后，还会时不时地看一下有没有人给自己点赞、给自己写评论。如果有人评论了，还要忙着回复评论；如果没人关注、没人点赞，你可能会越来越焦虑，甚至变得沮丧失落。

就这样，不知不觉中，一整天的时间被碎片化了。现在想想，在微信朋友圈发状态真是一件自己找罪受的事情，但大多数人依旧乐此不疲。

我们知道在微信朋友圈发状态很浪费时间，可我们还是欲罢不能。因为在信息化的社会里，我们更愿意通过微信朋友圈去了解别人的生活、了解各种新闻资讯，我们也更喜欢把微信朋友圈当作一种发泄情绪、炫耀生活、提升存在感的工具。

心情大好的时候发条状态，心情低落的时候发条状态，吃个饭再发条状态，吃完饭也要发条状态，看到几篇不错的文章有了心得，还要发一段文字表达 一下感慨……

似乎在微信朋友圈发状态那一刻，自己俨然成了可以指点江山的评论家。

要减肥的时候，发条状态，要努力学习的时候，发条状态，确实是一种鼓励自己的方式。可是，这种方式也会让自己形成一种虚假的满足感，或者说成就感，好像自己已经成功在即了一样。

而通常这种华丽的开始，往往更容易惨淡收场，或者无疾而终。

03

还记得王菲在《给自己的情书》中唱到："做什么也好，别为着得到赞赏。"

太在意别人的目光，于是，在社交网络里不断地刷存在感。

过于依赖网络来维护人际关系，而忽略了在现实情境中与人交流沟通。

只在微信朋友圈里彰显自己多么努力，实际上根本没有一丝进步。

这些做法只会让我们在别人眼里显得更微不足道，得到的也只是焦虑和沮丧。

为什么公司老板在微信朋友圈发了一条状态后，员工都跟着评论，而你发了状态，除了几个关系好的同事外，很少有人给你评论，不是因为你人缘不好，而是因为你的影响力不够。

如果你真的想做一件事，请先忍受孤独，默默地坚持去做，没有人鼓励就自我激励，没有人陪伴就独自承担。

无论是学习也好，减肥也好，学一门技能也好，等自己真正学有所成后，再到微信朋友圈"炫耀"也不迟啊！

朋友，少在微信朋友圈发一些状态吧，利用这些时间做一些自己喜欢的事。如果你真的想做一件事，请别先忙着在微信朋友圈发状态。

坚持认真做一件事，时间看得见

01

认识朋友夏岚的时候，他已经从导游成功转型为旅游达人了。满世界飞来飞去，护照换了一本又一本，到不同的国家、不同的城市，住各种豪华酒店，吃各类精致的美食大餐，遇见形形色色的人。

免费环游世界，吃得好，住得好，这是多少人的毕生梦想呀！

我用一种酸酸的语气对夏岚说："你的工作也太爽了，该被多少人羡慕嫉妒呀？"

夏岚微微一笑说："与之前当导游时的生活相比，现在确实要舒适开心很多。可是，你知道吗，我现在这份工作是我坚持写了几年游记后才得到的。做导游的那些年，我白天出去带团，累得像条狗一样，但不管回来多晚，我都会坚持写一篇游记分享到网上。当时真的没想那么多，也从来没想过有一天会成为旅游达人。那时完全是靠着对写作的一腔热情，而这一写就坚持了好几年。"

我说："这是你的坚持为你赢得的赞赏。"

还记得第一次读作家王潇的书时，就被她说过的一句话折服了，她说："时间看得见。"

时间看得见，说得真好！

02

时间真是奇妙而公正。你整天大吃大喝，时间久了就会发胖；你每天坚持锻炼，时间久了身材就会变好；你终日游手好闲，即使有万贯家产，时间久了也会挥霍一空；你勤勤恳恳地努力挣钱，时间久了也能钱包鼓鼓。

因为，你做的每件事，你是否真的在认真做一件事，时间都看得见。

认真做一件事，坚持下去，时候到了，你自然会得到赞赏。

曾经看到一篇文章说，一个人如果愿意坚持七年去深入某个领域，就能成为这一领域的专家。而我们熟知的很多人，就身体力行地验证了这七年定律的正确性。

比如很多著名演员，他们在大红大紫之前，都经历过没人认可的阶段。他们也曾迷茫，但他们从未放弃，而是继续默默地努力着，最终迎来了人生的辉煌。

在当今这个信息网络如此发达的世界，我认为怀才不遇的情况已经很少存在了。只要你不急功近利，一步一步地坚持走下去，时间就是你最好的伯乐，你想要的时间都会给你。

03

大学期间认识一个男孩，长得高高大大，却傻乎乎的，听说是小时候有一次发高烧烧傻的，不过因为家里很有钱，所以父母一直支持他上学。

军训的时候，教练让大家表演节目，他就自告奋勇地跑上去。看到他那傻傻的样子，还没等他开始唱歌，大家已经在台下笑成了一片。

起初我也认为他是一个傻子，但大学第一学期的英语四级考试，让我对他有了全新的认识，也对所谓的聪明与愚笨有了新的理解。

那次的四级考题确实有点难，很多人的考分只是刚过及格线，而这个被我们嘲笑为"傻子"的人因为不偷懒、不耍滑，勤勤恳恳、认认真真地坚持学习英语，在四级考试中竟然考了最高分，让我们自愧不如。

原来，我们并不是真的就比这个"傻子"聪明。

其实聪不聪明真的不是权衡能力的标准，很多聪明的人不一定就会功成名就。还记得语文课本上那篇脍炙人口的文章《伤仲永》吗，神童方仲永仗着聪明自大自负，不再努力，最后所取得的成就甚至还不如普通人。

是啊，单纯地靠天分去获取成功的概率，真的要比中六合彩还小。

就算一个人真的比较笨，那又怎样，不是还有笨鸟先飞、勤能补拙、熟能生巧吗？所以笨一点并不可怕，只要选对方向，愿意努力就好。

最怕的是，你既不聪明又十分懒惰，或者自以为聪明而沾沾自喜，那就真的连神仙也救不了你了。

只要你打定主意做一件事，不再犹豫不决，而是立马去做，不再急功近利，而是循序渐进，不再偷奸耍滑，而是认认真真地坚持下去，你想要的时间都会给的。

做自己喜欢的事，并不是为了得到赞赏，但请你相信，你认真做的每一件事都将得到赞赏。

时间看得见，在得到赞赏之前，请认真做事并耐心等待。

Part 3

奋不顾身嫁给爱情，
而不是安稳

人有趋利避害的本性，

只有真正爱你的人才会在你遇到困难时，

陪着你，帮助你。

而不爱你的人不是惺惺作态，就是唯恐避之不及。

如果你不确定一个男人是否值得你托付终身，

就看他在你遇到困难时的行为表现。

爱有时也需要一点点霸道

01

以前我一直以为，爱一个人最好的表达方式是尊重，不管做什么事情，只要对方说"不"，就别再强迫对方接受。后来我慢慢地发现，其实霸道也是表达爱意的一种方式，爱有时是需要一点点霸道的。

前几天我带妈妈去做全身检查，妈妈本来不想去，说做全身检查那得花多少钱啊！再说她身体好好的，做体检就是浪费钱。

我是个急性子的人，决定要做的事情必须去做，所以就强拉着妈妈去了医院。

做完体检后，我把单子拿给医生看，医生说妈妈各项检查都正常，身体很好。

从医院出来已经中午了，我就带妈妈去吃午饭。

我们穿过一条又一条小吃街，妈妈生气地说，这附近不都是小吃店吗，吃七块钱一碗的烫面或是十块钱一碗的馄饨就好了，跑来跑去干什么？

我不顾妈妈的唠叨，拉着她一直往前走，直到找到那家高档的饭店。

妈妈一看这么高档的饭店，就知道不便宜，站在门口不肯进去，还埋怨我说："在这里吃那得多贵，花这个钱干什么？吃这一顿饭的钱，还不如买些菜回家做呢。再说了，外面吃一点也不卫生。"

妈妈有个习惯，只要遇到贵一点的东西，如果是吃的就说不卫生，如果是用的就说不耐用，总之她会找各种借口拒绝消费。

我摸准了妈妈的习性，硬是把她拉了进去。

两个人点了四菜一汤，妈妈一边吃一边唠叨："你说你点这个牛柳干什么，一盘菜大半盘辣椒，就这几块牛柳还要这么多钱；这个鸡，一看就不大，这些钱可以买一整只鸡了；这个虾也是，要几块钱一只，不就是大一点吗；还有这个冬瓜排骨汤，冬瓜也不削皮，你看这里面有几块排骨。"

妈妈絮絮叨叨地说个不停，也吃个不停。

我笑着听她说完，然后问她："妈，你觉得是在这里吃饭舒服，还是在路边摊吃饭舒服？"

"废话，当然是这里了。花了这么多钱，再让人不舒服，谁还来这里吃饭呀。"

"那不就行了，你开心就好啦。"

"吃个饭花这么多钱，你不心疼，我还心疼呢。"

"妈，钱不是省下来的，越花钱越有动力挣钱，再说如果今天是别人请你吃饭，你是选高档饭店还是路边摊？"

"那当然是高档饭店了。"

"那不就行啦，我请你不是一样嘛。"

"那不一样，你的钱也是我们家的钱。"

吃完饭，我带着妈妈来到商场，想给她买几件衣服。我帮妈妈挑了几件穿着合身又好看的衣服，妈妈问售货员多少钱，一听一件衣服几百块钱，就对着衣服挑起毛病来，说什么衣服款式不好看啦，衣服颜色不喜欢啦，反正最终目的就是找借口不让我买。

我知道妈妈是舍不得花钱，就趁着她去更衣室的时间把钱给付了。

从商场出来，妈妈自然少不了对我一顿数落。

到家后，晚上邻居来串门，妈妈就炫耀起来，说我给她买了多少东西，花了多少钱，开心得不得了。

我看着妈妈一脸幸福的样子，默默地想，如果我今天真的听妈妈的话，她说不买就不买，虽然能省下一些钱，但是她心里也会留下遗憾。等到她垂垂老矣，身材变形，再也不适合穿这些好看的衣服时，一定会后悔当初为了省钱而错过的美好时光。

爱一个人，有时真的需要一点霸道。如果你在自己的经济能力范围内，想给家人买一些他们一直渴望买而舍不得买的东西，当你不顾他们的责备，霸道地付了钱以后，他们打心底里也是高兴的。

02

以前看过一个微电影，叫《我要我们在一起》，据说是根据真人故事改编的。剧情大致如下：

男生和女生同在北方一所大学就读。有一次，男生在图书馆见到女生后，对女生一见钟情，便开始追求女生。随着彼此间的了解不断加深，男生的温柔浪漫打动了女生，最后他们恋爱了。

可是，当他们研究生毕业后，女生的父母却要求女生回南方老家，而男生这时刚申请了读博士。

女生无意间发现了男生的博士申请书后，觉得与其苦苦为爱挣扎，倒不如顺其自然，也许分开才是最好的选择。

女生回家乡的日子越来越近，男生越来越觉得离不开她，所以他决定霸道一次。

他在女生准备离开的当天，托路人给她送去一个信封，里面是一封信和一张地图。

女生按照地图上的箭头指示来到了男生等待她的地方，她看到地上用玫瑰和蜡烛摆着一幅心连心的图案。

男生在女孩面前掏出博士申请书，用力把它撕成两半，霸道而又坚定。

然后他单膝跪地，拿出求婚戒指，说："我们一起去南方吧。"

后来他们结婚了，幸福地生活在了一起。

后来的后来，男生还是读了博士，但那时他们已经在一起，不会再分开了。

爱情就是这样，大多数时候要相敬如宾，但有时也需要一点点霸道。

03

不管多么坚强、多么强势的女人，内心深处都有一点小女生情怀，希望有个人可以对自己霸道一点点，强势一点点。

比如说，你今天心情不好，不想吃饭，你的男朋友一直在你耳边说："亲爱的，去吃一点吧，不吃饭对身体不好，就吃一点点好不好……"

也许平日你不觉得他啰唆，但你今天心情本来就不好，他一直说个不停，你就会觉得很烦躁。

如果是另外一种场景呢？你男朋友见劝不动你，就直接抱起你，把你塞进车里带到饭店，随后点了一桌子你爱吃的菜。等你吃过以后，他又温柔地安慰你。

经过这样一番折腾，你是不是早就被他的霸道强势安抚了呢？

不光是女生喜欢这种霸道的方式，有时男生也对此毫无抵抗力。

热播剧《欢乐颂》中，赵医生因为手术失败，心情不好，被小曲霸道地拉去吃饭，吃完饭再被拉去跳舞，在美食、美酒和音乐的刺激下，赵医生逐渐从手术失败的痛苦中走了出来，而他也因此被小曲收服。

所以，有时候霸道一点点更能表达爱意。不过，霸道绝不是无理取闹，你霸道的初衷是为对方好，是发自内心的关爱，而不是强人所难。

爱需要一点点霸道，但不要太多，关键时刻霸道一点点就好。

仪式感才是爱情中最好的礼物

01

你觉得爱情中的仪式感重要吗？

我之前一直觉得只要两个人相敬相爱，有没有仪式感并不重要。橙子却不这么认为，她觉得没有仪式感的爱情就不算爱情，就因为仪式感的问题，她和土豆先生分手了。

这是我一直不能理解的事情。我和周围的朋友都认为土豆先生老实正派，对爱情执着专一，以后和橙子结婚了，他也一定是个顾家的好男人。

就是这样一个被众人看好的男生，橙子偏偏选择了放弃。

有一次，我和橙子一起去沃尔玛超市购物，走着走着，橙子忽然停下来了，呆呆地看着各种口味的哈根达斯，说："你知道吗，土豆先生从来没给我买过哈根达斯。"

"这能说明什么吗？"我疑惑不解。

"你没听过一句广告语吗，爱她就带她吃一次哈根达斯吧。"

"他不带你吃，你自己不会买吗？"

"你不懂，那种感觉是不一样的。"

"可是，你也不能因为这么一件小事就和土豆先生分手呀！"

"当然不止这一件事了，情人节时，他在外地工作，我对他说工作忙就别来了，结果他就真的没来，甚至连一份节日礼物都没送我。后来我们见面时，他送给我一张银行卡，说让我买点自己喜欢的东西。他把我当什么了，给点钱就打发了吗？你知道吗，更让我无法忍受的是，自从和他交往以来，他从来没像别的男生那样送过我玫瑰花。"

"他不是给你钱让你去买自己喜欢的东西了吗？"

"是的，我要真在乎钱，大可以找一个比他有钱的男生，而且我自己也不差那点钱。我想要的是他对我用心，而不是用钱，这样会让我觉得自己被敷衍。"

"可是我男朋友也没送过我花呀，我觉得没什么。"

"不是吧，你男朋友竟然也没送过你花，太不可思议了。"

"谈恋爱一定要送花吗？"

"当然了，送花代表浪漫，更是爱意的表达，每个女孩子都希望收到喜欢的人送的花。如果你们恋爱结婚，携手走了大半辈子，回首往事的时候，你发现你们的生活除了茶米油盐，连一束玫瑰花都没有，不是很无趣吗？"

我想了想，然后很认真地点点头。

其实土豆先生真的很爱橙子，只是他觉得爱应该体现在日常生活中，比如说他努力挣钱，然后把钱统统交给橙子。他觉得仪式感这种东西太流于形式，平平淡淡才是真。

而橙子却觉得爱情中必须一些仪式感，这样才可以让两个人在平淡的生活中找到激情与乐趣。她不在乎土豆先生挣了多少钱，只希望他可以为她花点心思。她不要求每天都过得像情人节一样，但至少在某些特定的节日要有一些小小的浪漫。

橙子说："现在恋爱时就这么平淡，以后结婚了岂不是更像一潭死水？我想用力地去爱，想和爱的人一起做很多很多浪漫的事，我想给以后的自己更多美好的回忆，可是这些土豆先生他永远不会懂。"

02

可能女生有时就是这样吧，对那些仪式感的东西总是太过重视，以至于在男生眼里，觉得这很矫情。

可是，爱情有时候矫情一点又有什么不好呢？

生日的时候，哪怕没有豪华的法式西餐，但有他亲手为你做的饭，还有一个小小的生日蛋糕，也会让你觉得是被爱着的。

情人节的时候，哪怕没有九十九朵玫瑰，一朵就好，一心一意，也可以代表他对你的真心。

求婚时，哪怕没有很大颗的钻戒，但有他单膝跪地含情脉脉地说"嫁给我吧"，也会让你喜极而泣。

结婚时，哪怕没有盛大豪华的排场，但一个简简单单的婚礼，在亲友的见证下正式结为人生伴侣，这个幸福的时刻已足以让你感动到流泪。

如果没有这些仪式感，生活中的每一天对我们来说就毫无分别，只是在机械地重复而已。多年以后回忆恋爱时光，没有任何甜蜜的记忆，也没有任何惊喜，那该多么可悲。

生活已经够平淡了，在某些特定的日子里，你再不来点仪式感，你们的爱情婚姻得多无趣呀！

而有些场合缺了仪式感，人生从此就多了一个遗憾。

03

柠檬领结婚证都好几年了，却一直没办婚礼。

以前想着先领证，等以后有时间了再回老家补办婚礼，可是柠檬和老公工作都很忙，这件事就一拖再拖。后来柠檬有了宝宝，就和老公商量要不要补办个婚礼，老公说孩子都快出生了，再折腾着办婚礼不是没事找事嘛。

柠檬想想觉得也对，补办婚礼时忙里忙外太麻烦了，于是就不再提了。虽然没有办过婚礼，但只要两个人婚姻幸福，也就够了。

有一天，柠檬去参加一个同学的婚礼。

婚礼现场虽然排场不大，但小而唯美，女生穿着洁白的婚纱，在音乐声中缓缓地走向新郎。然后彼此在亲朋好友的见证下，互相说着"我愿意"。他们以后的婚姻会怎样，没有人知道，但至少那一刻，他们是真正幸福的，并且被所有人祝福着。

柠檬看着看着，眼睛不知不觉就湿润了。

原来她的内心还是像个小女生一样，渴望着有一场属于自己的婚礼，遗憾的是这个愿望一直未能实现。

很多时候我们都觉得仪式感不重要，可是有时候，有些事情，缺少了仪式感就终究不够完美。

那份缺失的仪式感让我们面对幸福时，少了一份期待与欣喜，让我们的人生中始终留有一个缺口。

04

《小王子》中狐狸对小王子说："你每天最好在相同的时间来，比如说你定在下午四点来，那么到了三点我就会很高兴。时间越是接近，我就越高兴。等到四点，我会很焦躁，坐立不安；我已经发现了幸福的代价。但如果你每天在不同的时间来，我就不知道该在什么时候开始期待你的到来……我们需要仪式感。"

"仪式是什么？"小王子说。

"这也是经常被遗忘的事情，"狐狸说，"它使得某个日子区别于其他日子，某个时刻不同于其他时刻。"

生日、情人节、结婚纪念日等，这些特定的日子我们之所以记忆深刻，不正是因为它们对我们有不同的意义吗？

虽然仪式感不是获取幸福的终极手段，但满怀期待地迎接那些仪式的时候，人真的会更快乐一些。

爱总是需要表现出来，而这些仪式感就是爱的表现形式，是你在这段感情中所投入的时间、心思与爱意。

仪式感就像一剂定心丸，让人们感到在这段感情中自己是被爱着的，也像是一剂兴奋剂，让彼此在平淡而繁忙的生活中始终对爱情保持激情与乐趣。

生活已经很不容易了，所以在某些日子就别再对仪式感如此吝啬了。

你要找一个愿意给你梦想的人

01

认识安琪的时候，她已经是一家公司的老板娘了。

很多人都羡慕安琪，夸她有眼光，找的老公是个潜力股。

我们叫安琪的老公为乔哥，十年时间，他从前景一般的工薪族奋斗成为有着上百员工的公司老总，确实潜力巨大。

每个人都觉得安琪很幸福，在很多同龄女性还在为生活拼命挣钱的时候，她已经在家里舒舒服服地做起了阔太太。

可是，安琪并不是那种只知道享乐的人，她是普通家庭出身，更懂得努力奋斗的意义。她一直有一个未实现的梦想，那就是学做蛋糕，然后开一家蛋糕店。

以前为了帮乔哥打理公司，安琪每天都忙得团团转，好不容易公司步入正轨，现在她终于可以腾出时间做一些自己真正想做的事情了。

安琪把自己的心愿告诉了乔哥，希望可以得到乔哥的支持。

但乔哥听完后很生气，他不能理解安琪为什么这么不安分，他挣的钱足够让安琪尽情享受了，安琪干吗还要这么折腾。

学什么做蛋糕，开什么蛋糕店，有这个时间还不如在家做做家务，好好带孩子呢，再不行到公司帮他管管账也是好的。开蛋糕店算什么梦想，能挣多少钱，还不是浪费时间、浪费精力。

安琪的脾气也很冲，和乔哥大吵了一架。她觉得很委屈，自己为公司打拼了这么多年，现在公司发展起来了，难道自己连做一件真正想做的事情都不行吗？

难道有老公养就不能拥有一份属于自己的事业了吗？但不管安琪如何辩解，乔哥就是死活不同意。

这件事最好只能不了了之。虽然安琪很不甘心，但是为了家庭和睦，她还是选择了放弃。

随着生意越做越大，应酬越来越多，乔哥夜不归宿的日子也随之增多。

安琪埋怨乔哥不顾家，天天就知道在外面应酬。

乔哥一听安琪这样说自己，顿时火冒三丈："难道我在外面挣钱就不辛苦吗？我挣钱供你吃、供你穿，你还要我怎么样？"说完便摔门而去，很多天都不回家。

后来，安琪实在忍受不了，最终选择了离婚。

很多人都劝安琪别犯傻，只要男人挣钱给她花就行了，要求那么多干什么？再者说，她都是三十几岁的人了，好好在家享清福就好了，还谈什么梦想。

没有经历过，就无法真正感同身受。外人说得再多，也只是站着说话不腰疼。

他们觉得只要男人有钱就好了，管他支不支持你的梦想，梦想的终极目标不就是挣钱吗，现在有钱了还谈什么梦想。

可是，但凡陪男人一起苦尽甘来、一起拼搏奋斗的女人，都会把爱看得比钱重要。只有那些在男人事业有成后，半路杀出来的人，才觉得男人只要有钱就好。

离婚之后的安琪，开始投身于自己的追梦之路上。她每天早出晚归，用了半年时间就学会了制作特色蛋糕，后来凭借管理过公司的经验，开了一间蛋糕店，生意异常红火。

02

女人怎样才算嫁得好？

也许你觉得是嫁给一个帅气的老公，也许你觉得是嫁给一个多金的男人，也许你觉得是嫁给一个浪漫的老公，也许你会觉得是嫁给一个体贴的男人。

但我觉得女人是不是真的嫁得好，正如杨澜在一篇文章中所说的："找一个能帮你实现梦想的老公。"

爱情会随着激情的褪去而变得愈发平淡，这就是很多女人觉得结婚后男人没以前那么爱自己的原因。而这时判断一个男人爱不爱你的标准，就看他是否愿意支持你的梦想。

男人愿意把钱交给你保管，愿意把时间空出来陪你，但不一定愿意支持你的梦想。因为支持你的梦想对他来说代价更高，这意味他要付出更多的金钱、时间与精力，还需要有一颗强大的心。

03

看过一期竞赛类综艺节目，参赛选手是一位将近五十岁的女士，可是每个人都以为她最多只有三十岁。

不管是外貌还是身材，她都保养得很好，皮肤紧致、身材匀称，一看就是美人。

当女士表演完后，主持人们问她："为什么可以保养得这么好？"

她幸福地笑着说，自己找了一个好老公。随后她便邀请老公上台，那是一个木讷老实的男人，看外貌感觉足足比女人大了十几岁，但其实他和女人是同岁的。

主持人问女士的老公："老婆长这么漂亮，让她出来跳舞会不会担心？"

男人自信而又腼腆地说："不会，只要是老婆想做的事情，我都会全力支持她。"

很多人都强调婚姻中女人要尊重并支持男人的梦想，其实反过来说也一样，好的婚姻一定是互相尊重、互相支持的。

一些男人觉得"我负责赚钱养家，你负责貌美如花"就是对女人最好的爱。那一句"我养你啊"，不知让多少人痛哭流涕。

可是，他养你，也许只是给你钱，却不给你爱。

如果你是一个没有梦想，只知道花钱的女人，最后就可能变成一潭死水，让男人避之不及。

那些勇于追求梦想，并得到老公全力支持的女人，或在职场上纵横驰骋，或在自己的爱好上努力专注，她们不仅家庭幸福，而且举手投足间无不散发着自信与从容。

　　一个女人是不是真的嫁得好，不是看她穿什么衣服、拿什么包，而是看她的老公是否愿意支持她的梦想。

　　而一个男人是否真的爱一个女人，也不是给她很多钱，而是愿意支持她去做她想做的事情，帮助她实现她未完成的梦想。

姑娘，别让你的爱惯坏了男人

01

经济学上有一个说法叫沉没成本，这在爱情中同样适用，意思是一个人在一段感情中付出越多，对这段感情越难以割舍，而一个人付出越少，越会觉得这段感情可有可无。

对于大多数女生来说，一旦爱上一个男人，就愿意为他付出一切，比如：愿意在背后默默地支持他的事业，愿意冒着生命危险为他生个孩子，愿意辞掉自己的工作回归家庭相夫教子……

这样的事例不胜枚举，但今天我只想说一件事，那就是做家务。

发小与前男友君逸是在工作中认识的。君逸相貌出众、身材挺拔，是个标准型帅哥。自从见到君逸后，发小就认定他是自己的白马王子。

发小在生活中是个争强好胜的女人，平时总是一副目空一切、自恃清高的样子。她觉得，只有君逸这样的男人才配得上自己。为了追到君逸，发小经常以工作的名义接近他。

当然，发小免不了要做一些改变，比如由原来高贵女王般的形象化身为小鸟依人的楚楚少女，比如每天都对君逸嘘寒问暖、体贴备至。

发小深谙一个道理：要抓住一个男人的心，首先要抓住男人的胃，所以经常变着花样做一些美味饭菜，带到公司给君逸补充营养。

俗话说："男追女隔座山，女追男隔层纱。"在发小几个月的强势攻击下，君逸终于沦陷到她的温柔陷阱里去了。很快，两个人就同居了。

生活在一起以后，发小为了牢牢抓住君逸的心，更是将君逸的生活起居照料得无微不至，就连君逸的内裤和臭袜子，发小都毫不嫌弃地给他清洗。

一开始，君逸也会主动分担一些家务，但发小认为女人理所应当要承包家务，男人是干大事的，做家务显得太没出息，再说了，男生洗衣做饭总是没女生细致，因此所有家务她都不让君逸插手。

虽然发小只是君逸的女朋友，但在别人眼里，她已然成了君逸的老婆，而她自己也早就这样默认了。

爱一个男人，为他付出再多都是值得的，为他洗内衣和臭袜子也是一种甜蜜。

不过，我并不这么认为。你觉得自己是在提前行使女主人的权利，可是在男生心里只会更加看轻你，把你当成免费洗衣做饭的老妈子。

没有谁会珍惜轻而易举得到的东西，你的投怀送抱，你的任劳任怨，你的无私奉献，只会让男人变得更加自以为是，变得飘飘然。

爱是吸引，而不是感动，永远不要企图用自己的无私奉献去感动一个人，要不然你终会失望的。除非你真的无欲无求、不图回报，但爱情又总是自私的，你付出得越多，越想得到更多。

发小很爱君逸，真的很爱，可是她爱的方式是不对的，她的爱看似伟大实则卑微，这种将男人高举在手心里的爱只会把男人惯坏。

你把男人举得这么高，那他便只能俯视着你，你们如何能够平等地相爱呢?

后来,君逸还是和发小分手了。尽管发小做的菜越来越好吃,房间也打扫得一尘不染,但这些并不能挽留君逸的心。君逸为什么要分手,发小也不清楚,可能真的是被她惯的吧。

02

我有两个表姐,一个在爱情里比较自私,很多事完全只想着自己;另一个在爱情里比较无私,总是把老公和孩子放在第一位。

自私的那个表姐,早上从不起床做饭,只等姐夫做好饭后,她才慢吞吞地起床。平时做家务,也是两个人一起分担。

刚结婚那会,姐夫也不愿意做家务,但表姐软硬兼施,最后姐夫乖乖就范,不得不分担一部分家务。现在,他看到表姐一个人做家务时,如果不去帮忙,反而会觉得不自在。

习惯成自然,做家务早已成了姐夫分内的事。由此,他能深刻体会到表姐操持家务的辛苦,对表姐更是呵护备至。两个人恩爱甜蜜,羡煞旁人。

另一个表姐,人勤快得很,家里大事小事全部自己包揽,从不让姐夫插手。久而久之,姐夫完全没有了主动分担家务的意识。

有时表姐上了一天班,回到家里还要洗衣、做饭。表姐累得心烦了，让姐夫帮忙，姐夫就会很不高兴地说："你又不是做不了，干吗还来烦我。"表姐除了唠叨姐夫几句外，也毫无办法，只好咬着牙坚持把家务做完。

可是，表姐从没有想过，姐夫变成这副懒样，完全是被她惯出来的。

她觉得姐夫洗的衣服不干净，就不再让他洗；她觉得姐夫做的饭不好吃，就不再让他做；她觉得姐夫拖的地不干净，就不再让他拖。她从来没有想过，衣服洗不干净，可以让姐夫多洗两遍；饭不好吃，可以让姐夫多学多做；地拖不干净，可以让姐夫重新拖。

表姐不明白的是，在爱情中总是惯着对方，等对方养成恶习后，最后受伤害的只会是她自己。

03

男人是用来依靠的，你偏偏母性泛滥，把他当作什么都不会的孩子，事无巨细地照顾他，等哪天你需要照顾的时候，却发现他连一件最简单的事都做不好，这不是咎由自取吗？

你身为女人，把家里大事小事全都包揽了，男人便会觉得自己不被需要，久而久之便养成了坐享其成的心理，对你的付出也会由开始的感激逐渐变成无视，甚至认为理所当然。

爱从来不是单方面的付出，爱也从来不是无私奉献。每个人都需要爱，也需要被爱，沉没成本的代价太大，你单方面根本承担不起。

也许有人会说，两个人在一起，谁家务做得多一点，谁家务做得少一点，真的有必要分得这么清楚吗？

是的，没必要分得太清楚。我的意思是，对于婚姻中的两个人来说，都有承担家务的义务。

既然两个人决定组成一个家庭，那就需要共同经营，家务也需要共同承担。男人在乎的永远不是那个心甘情愿为他付出的女人，而是那个他心甘情愿为之付出的女人。

爱情里，付出与回报永远不会完全成正比，不是你付出得越多，得到的爱便越多。很多时候可能恰恰相反，付出得多，你得到的只能是感动，而不是爱。

所以，学做聪明的女人，爱他但不要惯他；为他付出，更要让他为你付出。

不要高估自己，不要相信"我可以惯着你，也可以换了你"，而是要提防"你惯着他，他换了你"。

所谓真爱，无非是不离不弃

01

都说女人是水做的，我觉得，只有遇到真正爱自己的男人，女人的心才会温柔如水，所遇非人，哪怕是水也会结成千年寒冰。

爱情就像一盘棋，当局者迷，很多女生在追求爱情的道路上兜兜转转，要么始终遇不到真正的良人，要么错失那个对的人。

有的女生爱上一个男人后，便匆匆走进了婚姻的围城，最后却发现上错了花轿。

那么，值得托付终身的男人是什么样的？

他不一定会说很多爱你的话，但一定会做很多爱你的事，更会在你遇到苦难的时候，陪在你身边，尽可能帮你想办法。

02

前几天看电视剧《锦绣未央》，剧中东平王拓跋俊和李未央因为种种机缘巧合而相互倾心。

原本以为这是一段大好姻缘，不料在得知拓跋俊的真实身份以后，李未央突然像变了一个人一样，对他拒之千里。

原来，拓跋俊是大魏皇帝的长孙，也就是李未央杀父仇人的孙子。她怎么能和仇人的后代相恋呢，他们的爱情注定是不可能开花结果的。

当一片痴心的拓跋俊被李未央一而再，再而三地辜负后，他痛苦过、伤心过，甚至不止一次告诫自己要放弃。可是，只要李未央身处险境，他还是会第一时间赶来救她。

他还是想要保护她，哪怕她会给他带来危险，哪怕为了她身负重伤，他也毫不畏惧。

他知道比起自己受到伤害，李未央的安危更让他担忧。

什么才是真爱，不就是不离不弃吗？即使在对方遭遇人生变故，身处是非险境之时，也打不散、骂不走，并尽自己最大的努力帮助对方走出困境，化险为夷。

03

香港美女黎姿在事业大红大紫的时候宣布退出娱乐圈，很多人都不理解。

得知黎姿嫁给香港坡脚富豪马延强时，人们震惊万分，甚至有网友直呼："一朵鲜花插在了牛粪上。"

但是，如果你细细去看马延强多年来为黎姿所付出的真心，就会转变看法，认为黎姿确实嫁对了人。

在遇见马延强之前，黎姿有过几段情史，那些男人帅气、聪明、富有，每一任都很爱她，却不会一心一意只爱她，更不会为她付出太多真心。

只有马延强，他和黎姿相识多年，一直都是痴心不改。

2007年，黎姿的弟弟在一场车祸中脑部受到重创，原本坚强的黎姿也顿时慌了手脚，幸好有马廷强在旁扶助。痴心的他不但四处找最好的医生，金钱方面也无上限资助。当时，黎姿要照料弟弟的起居，看管弟弟原有的皮肤中心生意，还得拍摄新剧《珠光宝气》，几乎精疲力尽。马延强心疼她，说："不要做了，我会照顾你一辈子。"这让黎姿感动万分，也让她意识到马廷强就是那个能托付终身的人。

也许，没有弟弟车祸这件事情，黎姿不一定会嫁给马延强，但正是这件事情，让黎姿确信嫁给马延强是正确的决定。

虽然马延强不高大、不帅气，但是他对黎姿是发自肺腑的真爱。他无怨无悔地帮助黎姿，心甘情愿地保护黎姿，谁又能说他在黎姿心中的形象不高大、不帅气呢。

04

一个男人愿意在你遇到困难的时候全心全意地帮助你，那么他对你一定是真心的。

患难之际，最能见证一个人对你是真心还是假意。

不是每个口口声声说爱你的男人，都可以在你困难的时候陪着你，与你一起承担。

不同的男人对女人的爱有不同的表现方式，有些男人可能会说很多爱你的话，有些男人可能会默默做很多爱你的事。

人有趋利避害的本性，只有真正爱你的人才会在你遇到困难时陪着你、帮助你。而不爱你的人不是惺惺作态、极尽敷衍，就是唯恐避之不及。

所以，如果你不确定一个男人是否值得你托付终身，那么就看他在你遇到困难时的行为表现。

他是不离不弃，还是不闻不问？他是想成为你的依靠，还是害怕你的拖累？他是陪着你一起面对，还是独留你一人默默承受？

只这一点，你就会明白他到底值不值得你托付一生。

远离因为寂寞才追你的男生

01

如果一个男生追求一个女生，我们第一反应肯定是这个男生爱上了这个女生。

以前我也一直这样认为。

可是，自从认识了一个自称"情场高手"的男生以后，才知道一个男生追求一个女生不一定就是爱上了她，也可能是因为他寂寞了。

自称"情场高手"的男生，我暂且称他阿凯。

阿凯长得阳光帅气，说话幽默搞笑，每次和他聊天你都会笑得肚子疼。正因为他有这种特质，很多女生对他的抵抗力直线降低。

阿凯很聪明，但学习不好，大学期末考试经常挂科，因为他把时间都花在了追求女生上。

他追女生时有一个绝招，看中某个女生后，就开个包厢，事先把包厢布置得非常浪漫，然后约女生一起吃饭，吃完饭就向女孩表白。

据他说，这招百试百灵，因为女生天生喜欢浪漫。

我好奇地问："你这样追女孩，是真的爱对方吗？"

阿凯一脸得意地说："我只爱过一个，其他的只是看着不错就追了，很多现在连名字都记不起来了。对于自己真正喜欢的女生，反而不敢轻易去追求了。"

男生追求一个女生，真的可能只是为了打发寂寞吗？

也许吧，就像韩寒的电影《后会无期》里有一句话："喜欢就会放肆，但爱就会克制。"

02

有一天，闺密雯雯突然送了我一大堆好吃的零食，我开心地狂吃一阵后，觉得有点不对劲，认识雯雯这么久了，她可从来没有这么大方地买很多零食请我吃过。

有鬼！绝对有鬼！

在我的"严刑逼供"下，雯雯终于招供了。原来有个学长最近正在疯狂追求雯雯，经常请她看电影、吃饭，送她各种零食。

"原来是在走桃花运呀，难怪这么大方送我好吃的。什么时候吃饭的时候也带上我，顺便给你把把关，看看未来姐夫的模样。"我打趣地说。

"我正想问你呢，说实话我也不确定他是不是真的喜欢我。"雯雯一脸愁云。

"有照片吗，让我先看看面相。"

雯雯点点头，从手机里翻出照片。男生长相中等，身材高大。雯雯补充说，男生家离她老家不远，家境很好。

"还行，你可以先跟他聊一阵看看，如果他不是真心喜欢你，你自然能感觉到，先不要忙着确定男女朋友关系。"我很认真地劝告雯雯。

雯雯点点头表示同意。

过了一个星期左右，雯雯慌里慌张地来找我借手机。我问她干什么，她也不说，只是不停地拨打一个号码，但每次拨通以后，对方就会挂断，后来干脆直接关机了。

雯雯受不住了，趴在桌子上哭起来。我被她失常的行为搞得不知所措，只能不停地安慰她，焦急地向她询问原因。

雯雯哭了好一阵，一边抽泣一边委屈地说了原委。

原来两天前的晚上，男生对雯雯表白了。

男生表白不是很好吗？

是的，可是雯雯觉得男生太唐突了，就没有立即答应男生。结果男生生气了，此后再也没找过雯雯。

两个人的关系突然变成这样，雯雯一时间接受不了的，她给男生打电话，男生根本不接，所以才会借我的手机联系男生，企图挽回这段感情。

其实，雯雯爱这个男生吗，爱，但是这种爱不够成熟，她只是习惯了男生之前对她的好。

有时候，习惯比寂寞更可怕。习惯了被对方关心，哪怕对方不再爱你，你也会很不舍。

永远不要因为习惯而爱上一个人，永远也不要因为寂寞而追求一个人，因为两者都很伤人，前者会伤害自己，后者会伤害别人。

有人说这种情况不是普遍的，雯雯只是遇到了渣男。

当真是这样吗？不一定吧。

03

大学时期一个很帅气的学长和一个很漂亮的学姐相恋了，两个人如影随形，在大家眼中真是天造地设的一对。可是谁也没有想到，大学一毕业，学长就和学姐分手了，转眼又和一个家境很好的女孩订婚了。学姐哭得昏天暗地，相恋几年的男友竟然不是真心爱她，这让她始料未及。

这样的例子在大学里还有很多很多。也许很多人会反对说："照你这样说，年轻人之间就没有真爱了吗"？

有，当然有，任何年代，任何地方都不缺少真爱的存在，但同样也不缺少因为寂寞而找个人恋爱这种事。

我始终觉得两个人谈恋爱，最重要的是人品，所以请不要掉进"外貌协会"这个陷阱里，因为确实有些人是金玉其外，败絮其中的，也确实有些人是心地纯良的。如果一个男生一开始就是抱着排解寂寞的目的来追求你的话，那么只能说明这个人的人品是不够好的。

04

下面这些方法也许可以帮助你判断男生追求你时到底因为喜欢还是因为寂寞。

一、疯狂追求你还是默默走近你。

如果一个男生见你第一面后就开始疯狂追求你，一天给你打很多个电话，你一定不要沾沾自喜，以为自己魅力很大。

我们都是普通人，就算你长得美如天仙，与别人建立感情时也需要磨合期。男生一见你就说爱你爱得死去活来，只能说明他过于轻浮。

二、看他表现出来的是真实情感还是故弄手段。

真的喜欢你的男生一般不会说太多的花言巧语，但会为你做很多事情；而单纯想排解寂寞的男生，往往会说很多甜言蜜语，但真正为你做的事情却少之又少。甜言蜜语谁都会说，但不是每个人都愿意付出真心的。

三、相处时间久一些。

对于追求你的男生，不妨先从普通朋友做起，随着感情的深入，再考虑要不要发展为恋人关系。

如果他真的喜欢你，和你做朋友也会很开心，而且会一直追求你，希望用自己的真心打动你的芳心。

如果对方只是为了排解寂寞，通常不会追求你很长时间，因为他的时间有限。当他觉得你不好追时，就会自动放弃你，转而追求别的女生，或者在追求你的同时和别的女生暧昧不清。

四、看你们聊天的时候，他和你讨论的话题。

真正喜欢你的男生，一开始追求你的时候，一定不会说也不敢说露骨的话，因为他希望在你面前保持良好的形象，也害怕因为说了露骨的话而惹你生气。

如果男生只是因为寂寞，就会故意说一些露骨的话来观察你的反应，这样他就可以判断自己下一步的行动。

五、是否乐于把你介绍给他身边的人。

一个男生真的喜欢你，通常有一种炫耀心理，会渴望身边的朋友都认识你。而单纯想排解寂寞的男生通常都习惯搞"地下恋情"，不希望你认识太多他身边的人，因为他原本就只是想和你玩玩，闹大了反而不好。

判断男生是不是真心喜欢你的方法还有很多，我说的这些方法也仅供参考。

爱情是一个非常复杂的课题，但说来说去无非就是爱与不爱的问题。

爱你的人就会真心实意，不爱你的人才会虚情假意。真正的爱情是假装不来的，彼此都能感觉到，所以你一定要判断清楚。

感情再好，也需要一定的界限

01

　　木瑶自从恋爱以后，就彻底从朋友圈中消失了。几个姐妹约她一起聚餐，她不参加；约她一起逛街，她找借口拒绝；约她一起报名考证，她也推脱没时间。

　　好不容易约到木瑶出来玩，我们都骂她是重色轻友中的极品。

　　木瑶笑着说："人家要陪男朋友呀。恋爱中的女人不都是这样吗，天大地大男朋友最大。你们几个单身丫头啊，是体会不到这种一日不见，如隔三秋的感觉的。我真想时时刻刻都陪在男朋友身边，嘻嘻。"

　　我们集体愤怒，表示抗议："不就谈个恋爱吗，我们单身怎么了，我们这是自由至上。我们可都是有追求的女生，才不会像你这样把男人看得这么重要呢。"

木瑶白了我们一眼，说："难怪你们没有男人爱。"然后又低头和男朋友聊起了微信，时不时还对着手机傻笑。

果然恋爱中的女人是看不到别人的。

那次简短的聚会之后，我们很久都没见到木瑶，再见到她时，她眼睛红肿得像两个大核桃。我们被她的样子吓到了，赶紧问她怎么回事。

木瑶哭着说："男朋友要和我分手，他说我太黏人了。"

"你们不是很享受这种状态吗？"

"是啊，我一直觉得我们这样很好呀，做什么都有个伴，可是他说我很烦。我哪里有烦他呀，他忙的时候我从来不说话，只是安安静静地待在他身边而已。"

"木瑶，你是每天都和他待在一起吧。"

"恩，差不多吧，除了晚上睡觉的时候，其他时间几乎都和他在一起。"

"这就是了，每天都看对方，很容易审美疲劳的。你能不能试着每周用两三天时间只专注于自己的事情，不去看男朋友呢？"

"他那么帅，我天天和他待在一起也看不腻。一周有两天不去看他，我就没心思做自己的事情了。"

看来木瑶在这段感情里陷得不是一般的深呀。

"木瑶，你要知道男生都比较爱自由，你这样束缚他，他当然会觉得你烦了。"

"可是，他长得那么帅，我不看好他，万一有别的女人追他怎么办呢？"

"他是人，又不是物品，如果他不爱你了，你看也看不住的。你要给他一定的自由，并且努力提升自己的能力，让他觉得你是无可替代的。"

木瑶想了想说："我尽量吧。"

02

每个人陷入爱河的时候，都想和对方待在一起，哪怕只是肩并肩坐着不说话，也会觉得无比幸福浪漫。

在一段感情中，如果一方比另一方更优秀的话，弱的一方更希望时时刻刻和对方待在一起。

一方面是因为爱得更深，另一方面是因为内心的不自信以及占有欲。

刚开始，爱情的新鲜期未过，两个人都很喜欢这种形影不离的相处模式。

可是，长此以往，这种模式就可能会出现问题。木瑶的恋情便是如此，她像跟屁虫一样，害得男朋友不得不想办法逃离。

《爱情保卫战》中有一期节目，男生想要分手，女生坚决不同意，最后两个人希望得到情感专家的帮助。

两个人是大学同学，毕业后在同一家公司实习。

大学期间，女生总是希望男生每时每刻都陪着她，一起上课，一起吃饭，一起逛街，一起看风景。男生起初也很乐意，可久而久之，他觉得自己的私人时间都被女生占用了，学业也荒废了不少，更觉得女生很烦人，于是决定分手。

可是，女生不同意，她说："我之所以陪你一起上课，只是因为想和你多待一会；我之所以早上喊你起床吃饭，只是因为担心你早上不吃饭对胃不好；我之所以在找不到你的时候不断地给你打电话，只是因为怕你发生什么意外。"

女生认为做这些都是源于爱，都是为了男生好，而男生却认为女生占据了他所有的生活，让他失去了自由。

最后，在情感专家的开导下，两个人和好如初。但在我看来，如果他们不适当调整相处模式的话，分手终有一天还会到来。

03

爱情需要有个度，一旦超过这个度便会适得其反。束缚太多，没了自由，两个人看似走得更近了，其实心却在慢慢远离。

爱情很重要，但自由更重要。你的时间不宝贵，我的时间也不宝贵，只有我们两个人待在一起的分分秒秒才弥足珍贵。

爱情不是在一起就能天长地久的。尤其是我们这样的年轻人，总是把爱情看得重于一切。一天不见，就茶饭不思、度日如年。

可是，爱情并非生命的全部，还有很多比爱情更重要的事情，比如学业，比如未来。

理想的爱情，并非一定要时时刻刻待在一起，而是即便不在一起，彼此的心从未分离。

爱情最好的状态是亲密无间吗？

我想不是，最好的爱情应该是亲密有间。我们相爱，而又彼此独立；我们亲密，但也绝不让对方失去自由。

毕竟两个人无论多么相爱，仍然是两个不同的个体，不可能变成同一个人。亲密有间，才是维持爱情的秘诀。

人格不独立，把感情看作生命中的唯一，是内心不成熟又极度不自信的表现。真正独立的人应该是既爱对方，也爱自己，而且会努力让自己变得更好。

　　我愿意为你花时间，但我也绝不是一个无所事事的人。我给你足够的自由，因为我相信你会对我不离不弃。

　　这才是爱情最好的状态：人格上独立，情感上依赖，亲密有间，各享自由。

爱情与美貌并没有多大关系

01

深夜，小美在朋友圈发了这样一段话：

"很多人都以为长得漂亮就有很多人爱，其实长得漂亮只是被很多人喜欢而已，但喜欢永远不是爱。

"很多人觉得你之所以单身，是因为眼光太高、太过挑剔，其实你想拥有的不过是一段简简单单的爱情。

"他懂你的微笑与泪水，他珍惜你的好，包容你的坏，爱你的外表与灵魂。哪怕他不够好，但只要对你足够好，就值得你用一生去爱。

"可现实却是追你的人很多，真正爱你的人并没有几个。也许，只有时间才能告诉你谁才是那个真正爱你的人。"

看了这段话后，很多朋友纷纷给小美留言。

"女神，你竟然没有男朋友，太不可思议了。"

"女神，约会吗？"

"女神，抱抱，安慰一下，还有我呢！"

"其实我们终其一生不过是想找一个知冷知热的人。"

……

认识小美的人都知道她长得漂亮，能力突出。可是，这样一个优秀的女孩，原来也有苦苦寻觅爱情而不得的苦恼。

越漂亮的人，越有很多人喜欢，但不见得能遇见真爱。

喜欢很容易，爱却是一件伤神费力的事情。所以，我们都习惯了喜欢，而懒惰到不愿去爱。

知乎上有一个话题叫"现在有些男生不愿费劲追女孩子了吗"。

我想是的，因为我们大多数人已经过了"有情饮水饱"的年纪，我们变得越来越现实，越来越懂得权衡利弊，都希望能以最快的方式进入一段感情。

爱情原本就应该是一件顺其自然的事情，但相处不是，相处需要彼此用心经营，用爱呵护。

然而，大多数男人却是追女生的时候很用力，追到手了便开始随意。

就像打游戏一样，没通关时可以彻夜不眠，一旦通关，就失去了兴趣。

可女人不是游戏，也不是物品，她是一个有感觉、有思想的人。

人们常说现在的女人很现实，一到谈婚论嫁的时候就盯着男人的车子、房子。其实，女人是一种很傻的生物，你真心对她，她就会感动，你真心爱她，她陪你吃苦受累也会甘之如饴。

谁是真正爱她的人，她心里很清楚。

02

还记得，有一次聚会，酒过三巡，话题便落到男女感情上来了。大可说，他这辈子最搞不懂的一件事就是，他念念不忘的高中班花，最后怎么会嫁给他们班那个相貌平平的晓磊。

我说："情人眼里出西施，长相说白了就是一张皮囊，看久了都一样。"

大可说："你不知道我们班花长得有多漂亮。当时，大家猜测了无数种可能，唯独没有想过美丽的班花最后会嫁给晓磊。

"前段时间我们高中同学聚会，大家还在不断感慨，并开玩笑说：'班花同学，你怎么就选择了晓磊这摊牛粪呢？'

"班花笑得一脸灿烂，说：'追我的人确实挺多，但只有晓磊是真心的。那年我高中毕业没有考上大学，他建议我继续复读，并帮我补习，鼓励我不要放弃。后来，我考上了大学，他便开始追求我，开始我觉得他长相一般，一再拒绝，可是他一直没有放弃。我毕业以后回老家工作，他也跟着我回了老家创业。最后我答应和他相处一段时间，才发现他真的是一个很有人格魅力的人。他对我很好，真的很好。我难过的时候，他陪着我、安慰我；我高兴的时候，他和我一起分享快乐；我生病的时候，他比自己生病还要紧张；为了给我更好的生活，他努力打拼，其中的辛苦从来不在我面前表露出来。而且你们知道吗，直到现在他吃东西都是把最好的那部分留给我。和他在一起，我觉得很自在，也很真实。'

"其他男同学听完，悔恨不已，早知道就是对你好这么简单，他们也这样做了。"

大可也悔恨不已，那时他觉得班花的眼光一定很高，没想到原来这么好追。

可是，对一个人好真的是一件简单的事吗？也许只是看着简单而已。

坚持不懈地追求一个人，费尽心思地体贴一个人，无怨无悔地爱着一个人，其中的付出不是外人能体会的。

大多数人都忍受不了长久的付出，只有真正爱你的人才心甘情愿默默奉献。

很多人会说这不是爱情，而是感动和习惯。是的，感动不是爱，习惯也不是爱，但如果一个人能一直做令你感动的事，那么总有一天你会被打动。如果你习惯了一个人对你的好，那么你就会对他产生感情。爱情除了短暂的激情以外，剩下的不就是两个人的互相习惯吗？

03

《偶像来了》有一期节目，谢娜问林青霞为什么会嫁给邢李源。

林青霞说："我在香港拍了十年戏，1984 年到 1994 年，我每天就感觉好像在一个荒岛一样。我觉得我好孤独，我觉得好像每天就这样，工作，回来，工作，回来。我很想要一个港口，要一个家。这时候就出现了一个人，就给了我这种感觉，让我很有安全感，让我觉得我到了一个很安全的港口，所以我和他交往了半年，就决定结婚了。他只有一个信念，就是对我好。那时候我就觉得，哪怕是想要天上的星星月亮，他都可以满足你。"

众所周知，林青霞曾深爱着秦汉，他们之间的感情缠绵而纠葛，最后依然以分手收场，因为秦汉始终不愿与林青霞结婚，不愿给她那个安全的港口。

而邢李源做到了。从他爱上林青霞的那一刻起，他就无时无刻不想娶她为妻，并尽可能地给她足够的安全感，给她一切美好的事物。

爱慕林青霞美貌的男人很多，但能像邢李源那样为她付出真心的男人却少之又少。

节目中汪涵有感而发："男人要对女人好，你就拼命对她好，好到无以复加，另外一个人对她好，她都不习惯这种好了，就好了。"

是的，这个人再英俊、再优秀、再多金，如果他不愿意为你付出，如果他不是真的爱你，即便你再爱他，也有热情耗尽的那天。所遇非人，你的爱情之火烧得再旺，遭遇的冷漠多了，火苗也会一点点减弱，直至完全熄灭。

其实，并不是女人不懂爱，只是男女思维方式不同。一个女人不管外在多么强势，内心也永远是柔软的，她始终希望有一个男人能呵护她、照顾她。

我们终其一生不过就是想找一个知冷知热的人，平平淡淡的感情，虽然不够炽热，但足够温暖一颗心。

就像叶芝那句名言："多少人爱你青春欢畅的时辰，爱慕你的美丽，假意或真心，只有一个人爱你那朝圣者的灵魂，爱你衰老了的脸上痛苦的皱纹。"

　　真正爱你的男人，愿意承受岁月变迁，依然爱你和你老去的容颜。

Part 4

你若不屈服，
生活又能把你怎么样

如果你能够把困境当作一个新起点，主动去寻求突破，

并找到自己的优势，把握优势、提升能力，

你就能将被动的人生变成主动的人生，最终成为人生的赢家。

起点低不可怕，只要有想法、境界高、勇于把握自己的人生，

同样可以闯出属于自己的一片天地。

起点低不可怕，怕的是境界低

英子结婚了，老公是一所大型银行的行长，待遇不错，而且对英子宠爱有加。

羡慕英子的人，觉得她运气好，高中学历，却成了拥有数百名员工的公司老板，并嫁得如意郎君。

嫉妒英子的人，觉得她根本就不配，学历那么低，凭什么比大学毕业的人混得还要好？

可是，英子就是混得比很多人都好。

她是起点低，那又怎样，起点低难道就注定终生都无法逆袭吗？

这个世界不会辜负一个人的努力，而英子就是那个一直不懈努力的人。

因为步入社会的时间比较早，所以英子很早就学会了见机行事；因为知道自己起点低，所以英子工作更加努力认真；因为知道自己学历低，所以英子时刻都没有忘记读书学习；因为知道自己没有任何背景，所以英子能说会道的本领为她积累了不少人脉。

就这样一点一点努力，一步一步前进，从小员工慢慢上升到主管、经理，最后自己创业。每一次提升看似都是运气，其实无一不是英子默默努力的结果。

她知道自己起点低，所以总是比别人更努力。她之所以比别人嫁得好，那是因为她自身已足够优秀。

起点低，并不一定就是坏事，也许它会成为你不断前进的动力。

就像西游记中唐僧师徒所遭遇的种种劫难，只有克服它们，才能取得真经；就像游戏里遇到的那些怪兽，只有打败它们，才可以升级。

起点高低不重要，重要的是把它当作动力，并有一颗不服输的心。

02

有这么一个女孩，她的起点比大部分人都低，但是她凭着自己的努力熬出了头，成为中国第一个走向国际的名模，而后成功转型做了服装设计师。

她就是吕燕。

吕燕出生于江西德安矿区，父亲是理发师，母亲是家庭主妇，还有一个妹妹和一个弟弟。成名后的吕燕提起那段日子，也会笑着讲："乡下没有自来水，没有抽水马桶，只有一个缸，上个厕所整个人都是臭的。"

这个长得不美却高得扎眼的乡下姑娘，最初加入模特培训班，嫌自己驼背不好看，并没有当模特的企图心，周围人的人也不看好她。

一次偶然的机会，培训班组织T台秀，参赛需要五个人，为了凑数，吕燕就补上来了。虽然初次参赛的吕燕没拿任何名次，但是她遇到了人生的大贵人、大伯乐——造型师李东海。在李东海的帮助下，吕燕推出了自己人生中第一个经典造型。

就是这张满脸雀斑的硬照，吸引了法国大都会模特公司一个工作人员的注意，他随之向吕燕发出到法国工作的邀约。那时的吕燕，年龄尚小，又是农村出身，英文更是一句不懂。就这样，在完全没有任何优势的情况下，她只身前往法国，紧紧抓住命运馈赠的小小机遇，拼尽全力实现了人生的蜕变。

吕燕在历经破茧的痛楚之后，终于蜕变成一代名模。

吕燕手中并没有一副好牌，她的起点一直很低，但她走上了人生的高处，其根本原因就在于她相信自己，敢闯敢拼。

起点低，并不可怕，只要打好自己手中的牌，也可以反败为胜。

甚至两个起点相同的人，因为对待人生的态度不同，也可能有不同的人生。

03

有这样一个故事，一个嗜赌成性的赌徒因失手杀人犯下重罪，被判无期徒刑。赌徒的妻子独自抚养两个儿子成人。两个儿子年龄相差一岁，命运却大不相同：一个同样赌瘾成性，靠偷窃和抢劫为生，最终被捕入狱；另一个自学成才，娶妻生子，家庭幸福，事业有成。

有人好奇地问这两个儿子堕落或成功的原因，没想到两个人的答案竟惊人得一致："有这样的父亲，我还能有什么办法。"

有一个囚犯父亲，这就是两个儿子共同的人生起点，但因为他们经营人生的方式不同，所以，两个儿子在与命运的较量中输赢就截然不同。

生活中，每个人的人生起点都会有所不同，即使相同，也可能会有迥然不同的人生机遇。关键在于我们如何把握。

和一个男读者聊天，他说他也打算给自己的公司开一个公众号，这样方便宣传和推广。

我夸他想得周到，思维活跃。

男读者说虽然自己现在开了公司，事业上有了很大的发展，但自己的学历很低，总觉得自己差得还太多太多。

我说一个人的经历比学历更重要，起点低，并不代表就一定会比别人差。

网上看到一个问题说：成功与一个人的起点高低有关系吗？

我觉得，成功与一个人的起点高低并没有太大关系。

起点低只能代表一个人的过去，但无法决定一个人的未来。

一个人起点低并不可怕，怕的是境界低。很多取得一定成就的人，在职业生涯初期都是从零开始。

不要让过去成为现在的包袱，轻装上阵才能走得更远。不管过去有多辉煌，或者有多糟糕，该放手时就放手，该忘记的要忘记。人生需要归零，将过去清零，才能遇到一个全新的自己。

也许你出生在一个普普通通的家庭，也许你相貌平平，也许你智力欠佳，也许你的起点比普通人的还要低很多。但起点低不一定就会输，关键在于我们如何经营好自己低起点的人生。

如果你能够把困境当作一个新起点，主动去寻求突破，并找到自己的优势，把握优势、提升能力，你就能将被动的人生变成主动的人生，最终成为人生的赢家。

起点低不可怕，只要有想法、境界高，勇于把握自己的人生，同样可以闯出属于自己的一片天地。

与其讨好别人，不如取悦自己

01

很多人都有这样的感触，不管你对别人多么好，总会有人不喜欢你。有时你想努力取悦所有人，到头来却发现有些人你永远取悦不了。

人生在世，不管你多么善于为人处世，依旧会有一些人不喜欢你，甚至是诋毁你。

当别人攻击你时，你该如何回应？

有一个成语叫"唾面自干"。意思是别人攻击你，往你脸上吐唾沫时，你不擦掉而让它自然干掉。

这个典故发生在唐代武则天时期。宰相娄师德精明能干，深受武则天赏识，以至于招来很多人的嫉妒。

弟弟外放做官的时候，他对弟弟说："我现在得到陛下的赏识，已经有很多人在陛下面前诋毁我了，所以你这次在外做官一定要事事忍让。"

弟弟说："如果别人把唾沫吐在我脸上，我自己擦掉就可以了。"

娄师德说："这样还不行，你擦掉就是违背别人的意愿，你要想消除别人的怒气，就得让唾沫在脸上自然干掉。"

后来人们就用"唾面自干"形容受了侮辱极度容忍，不加反抗。

对于娄师德这种"唾面自干"的处事原则，我觉得虽然有些容忍过度，但是从当时君主专制下的政治之风来看，也不失为一种委曲求全的自保方法。因为那时你的一句无意之言都有可能招来杀身之祸，甚至是满门抄斩。

由此可见，"唾面自干"的处事原则在那个年代有很大的可取之处。

虽然现在不必再采用"唾面自干"的处事原则，但别人攻击你，把口水吐到你的脸上，我们也无须回吐别人，把它擦掉即可。正所谓："识时务者为俊杰，大丈夫能屈能伸。"

02

也许有人会说："我为什么要容忍？别人侮辱我、攻击我，我就应该反抗到底，据理力争。"

是的，据理力争，确实能让你赢回面子。但如果对方是一个蛮不讲理的人，你和这样的人讲道理，岂不是白白浪费时间？

可能你会赢得一时，但你的修养会在你不断地回击别人、争一时之气中渐渐消解，最后你将变成你所讨厌的样子。

扎西拉姆·多多曾经说过一段话：

有人尖刻地嘲讽你，你马上尖酸地回敬他。

有人毫无理由地看不起你，你马上轻蔑地鄙视他。

有人在你面前大肆炫耀，你马上加倍证明你更厉害。

有人对你蛮不讲理，你马上对他胡搅蛮缠。

有人对你冷漠，你马上对他冷淡疏远。

看，你讨厌的那些人，轻易就把你变成了，你自己最讨厌的那种样子。这才是"敌人"对你最大的伤害。

常与同好争高下，不与傻瓜论短长。

《犹太法典》中有句话："超越别人不是超越，超越自己才叫超越。"

这句话告诉我们，真正的对手其实是自己，与他人争一时之气，往往会得不偿失。

逼着自己忍耐一时，并不能说明你就是胆小懦弱之人，一个人究竟如何，并不会只看一件事，而是往后看，留给时间证明。

03

还记得以前看到柳岩说的一段话：

"面对那些骂我的人，我哪里有时间停下来和对方吵架，或是回头解释。

"我只能一直跑，一直跑，跑远了，那些站在原处骂你的人声音就小了。也许前面还会有新的人骂你，但我还是相信越是前方，有工夫骂人的人越少，因为大家都在奔跑。"

作为公众人物，柳岩对于"被攻击"的感受会更为强烈。不管哪个明星，不管演技多好、颜值多高，总会有一些人不喜欢你，讨厌你，甚至攻击你。

如果柳岩不能承受别人的谩骂，过于在意一些负面评论，她可能就会身陷其中，郁郁寡欢。

如果她和那些骂她的人争论，毫不留情地回击别人，她就会为此浪费很多时间和精力。

柳岩看得很明白，面对别人的攻击，她没有反击，而是默默地接受，并且努力提升自己，通过不断飙升的演技来证明自己的实力。她知道口水吐在脸上擦了就是，只要自己一直往前奔跑，就听不到那些骂自己的声音了，而她也正是这样做的。她不断地努力，赢得了越来越多的粉丝。

当你站在人生的巅峰，俯视着曾经攻击你的那些人时，就会发现他们依旧还在那里，现在却只能仰视你。正如范冰冰说的："我能承受多大的诋毁，就能承受多大的赞美。"

其实，不仅是公众人物，我们普通人也应该树立"口水吐到脸上擦了就是"的观念。

当别人攻击你时，最好的回击就是你不在乎。

就像百米赛跑的时候，就算旁边有人碰了你一下，你也不用管他，使劲往前跑就好了。

你的目标是赛跑，不要让别人轻易影响了你的心情，扰乱了你的计划。

我们每个人都希望自己是万人迷，希望所有人都喜欢自己，可是有时我们会发现，取悦别人真的是一件很累的事情。

而有些人无论你对他们多好，他们就是不喜欢你，依然人前人后攻击你。

04

我刚工作时，有一次被派去参加上海的展会。回来后，老板让大家挑选展会上的客户名单。因为我是新人，所以名单是老员工挑剩下后才发到我手里。

其中有一个客户是我在展会上接待的，我见老员工都没有挑选这个客户，就和其他新同事说，这个客户我在展会上接触过，不如让我联系吧，大家都说好。

然后我就给客户打电话，向客户报上姓名后，发现客户对我还有印象。经过一番深入了解，客户就让我寄样品过去。

我把快递写好后，一位老员工看到了，生气地问我为什么抢她的客户，说这个客户她一早就联系了。

我解释说，当初选名单时，没有业务员给这个客户做备注，而且我不知道这是她的客户，如果我知道，肯定不会和这位客户联系。

那位老员工不依不饶，说如果我想要这个客户，直接和她说就好了，她早就联系过了，现在我又给客户寄样品，分明是故意抢她单子。

因为我是新人，明知自己被冤枉，但为了搞好同事关系，还是讨好地向那位老员工道歉，说自己不是故意的。

最后，那位老员工揶揄地说了一句"没事了"，从此再也没和我说过话。

我觉得同事之间有误会说清楚就好了，可让我无法接受的是，那位老员工时不时地就跟其他同事说我抢了她客户，叫大家提防我。

我从来没有想过一个人会如此斤斤计较，一开始我觉得很委屈，后来想通了，反正该解释的我已经解释了，她爱怎么说就怎么说吧。

半年后，我因为工作调动，开始负责单证报关这一块，所有业务的出货必须由我经手。

这时，那位老员工对我的态度突然180度大转弯，经常热情地和我打招呼，一口一个"亲爱的"叫着，与之前那副冷冰冰的面孔相比，真是判若两人。

渐渐地，我明白了一个道理：有些人并不是你对他好，他就会对你好；你要善良，但不要因为自己的善良而让别人觉得你好欺负。

别人背后说你坏话，就让他说去吧，你只管做好自己的事情，不断努力提升自己。等你足够强大的时候，他自然不敢再轻易诋毁你。

在这个世界上，不是我们委屈了自己、奉献了自己，就能得到别人的喜欢。即使我们做得再好、再优秀，也会有人讨厌我们。所以，没必要委屈自己，没必要努力讨好所有人。

喜欢你的人，你无须讨好；不喜欢你的人，你再讨好也没用。

你不必成为一个让所有人都喜欢的人，与其讨好别人，不如取悦自己。

当别人攻击你时，最好的回击方式就是不在乎，并且努力让自己过得比那些攻击你的人更好。

正如一位心理治疗师说的那样，遇到言辞的攻击时，没长大的人通常以攻击回应攻击，最好的回应其实是，不论别人怎么攻击你，远离他，一笑而过。

当你不把别人的攻击放在心上时，那些尖锐的攻击力就等于零，而你将会比想象中更强大。

生活这件事，再难也别将就

年后，我来上海工作，朋友陪我一起去找房子。

朋友说："你想租什么样的房子？"

我说："要干净整洁的，最好是整租，这样我就不用在做饭、洗澡，甚至上厕所时都要等别人了。"

朋友说："一看就知道，你对上海一点也不了解，你知道市区的房价有多高吗？"

我说："我知道的，可是我真的不想再和别人合租了。首先，我不了解和我一起合租的人，如果都是女生还好，万一是男生，那多不方便啊！其次，之前就是因为合租，每天晚上回来后干什么都要排队，这太浪费时间了。最后，在外面打拼已经很辛苦了，女孩子更要对自己好一点，这样才能激发自己努力赚钱的动力。"

　　总之一句话，房子可以是租的，但生活再难也不能将就。

　　朋友和我意见相左，她觉得反正房子是租的，能省则省，当然越便宜越好。

　　可是，这样省的结果是她隔一段时间就要搬家。她的工作随房子动，而不是根据工作地点找房子。哪个地方房租便宜，她就在那附近找工作，房租一涨，她既换房子又换工作，几年下来，工作一直没有起色。

　　朋友说："你也来郊区工作吧，虽然工资少点，但房租便宜很多，算下来其实也差不多。"

　　我摇摇头说："我还是想留在市区，努力多挣点钱，然后让自己的生活品质高一些。"

　　朋友说："你就作吧，我没有你那野心，我只想做份清闲的工作，安安稳稳地过日子，住得好不好对我来说并不重要。"

　　朋友的想法自然有她的道理，毕竟挣钱不易，多省点总是好的。可是，这种想法也会滋生一个很大的弊端，就是对生活习惯性地将就。

　　工作不好，没关系，反正清闲；工资不高，没问题，省点花就行；生活很难，没什么，适应了就好。长此以往，对生活的热情就会越来越少，对自己的要求标准也会不断降低。

这种观念看似无欲无求，实则是不对生活有过多企求，因为觉得自己拥有不了，认为自己就应该将就。

人生并不是退一步就可以海阔天空，有时，你一直降低要求，最后你发现非但没有得到命运的厚爱，反而被命运遗忘在角落里，落满灰尘。

其实，人生是一场激流勇进的旅行。只是有些人穷游，有些人富游。也许穷游依然可以让你享受美丽的风景，但如果你有能力让自己的旅行更舒适一些，为什么不去努力尝试呢？

你明明能拥有更好的，只是不愿相信自己，习惯了将就而已。

02

前几天看了《东京女子图鉴》，剧中的绫就是一个不甘平庸、不愿将就的人。

女主绫出生在一个偏远的小县城，大学毕业以后，只身来到东京打工，在一家普通的杂志社当小白领。

绫和同乡男友直树住在一个小房子里，他们一起牵手逛街，一起做饭，看电视。虽然生活没有太大追求，但就这样简简单单，两个人依然觉得幸福。

可是，时间久了，绫突然感到焦虑：这种生活真的就是自己想要的吗？自己真的甘心一辈子都过着这种平淡又平凡的生活吗？

绫不由反问自己："和直树在一起是很幸福，但如果是这种幸福，在秋田到处都是，我为什么要费那么大工夫从秋田来到东京呢？"

直到有一天，绫被自己穿到起毛的内裤刺激到了，才下定决心离开直树，离开这个让她看不到未来希望的地方。

不久，绫又开始了新的恋情，交往对象从"高富帅"到离婚大叔，再到职场金领，从嫁给一个平凡的男人到离婚后和小鲜肉恋爱，再到最后和男闺密生活在一起。

而她的事业也一路过关斩将，从职场小白蜕变成职场精英。

也许，从爱情来看绫是失败的，谈了多次恋爱，却总遇不到那个真正对的人。但从职场或者说绫自身的渴望来看，她成功了，她得到了自己想要的职位，住上了高档住宅，可以买任何她想买的东西。

虽然这一路走来跌跌撞撞，但好在命运并未辜负她的努力。

虽然有过迷茫，但她对自己真正想要的东西一直都目标清晰。

虽然生活很难，但她从未想过要去将就。她就像是一匹野马，永远都在奔跑，努力寻找更肥美新鲜的草地。

很多人都说绫是一个贪婪、不知足、太过物质的女人，难道作为女人就不可以对生活多一点贪心吗？难道没有追求，待在一个小县城里，和一个没有太大目标与追求的男人结婚，从此成为一个围着老公、孩子、厨房转的黄脸婆，就是幸福？

真正的幸福不是随大流，而是努力追求自己想要的东西，并努力得到它。

而对绫来说，得到即幸福。

人与人之间的差距，不是能力，而是思维。很多时候，你需要一点执拗，才有可能被生活温柔以待。

相信什么，追求什么，你才有可能得到什么。

03

公司开会时，总监说："我知道你们很多都是外地人，在上海租着房子，所以你们更要努力挣钱，让自己的生活品质尽可能高一些。这样你会发现，你的整个精神状态都和以前不一样了。"

是啊，买了一套高档的衣服，你会时刻注意自己的举止，是否昂首挺胸收腹；报了一个很贵的培训班，你会更用心地去学习，恨不得下课了还逮着老师问问题。

这就是经济学上的沉没成本。你付出得多，自然就希望得到更大的回报。你想拥有更好的生活，就会要求自己更加努力。

相反，你总是退而求其次，那么你的人生就可能多年如一日，平平淡淡。

曾经，我也是一个特别爱将就的人，总是能省则省。

可是，这样过了二十多年，自己依然一无所有，还拼命告诉自己这就是自己想要的现世安稳，岁月静好。

结果证明，当你一无所有的时候，你所谓的安稳不过是一种心理安慰。其实你心里很清楚，你连逛品牌店的勇气都没有，你连养条狗的经济能力都没有，你的安稳体现在哪里？

04

斌哥想进外企，无奈英语太差。

他问我该怎么办才好。

我说："英语差那就学呗，线下或者网上报个班，每天坚持学一点，快的话一年左右口语就会有很大进步。"

斌哥说："报班不是得花钱吗，还是自学好了，可能就是慢一点。"

我说："你学英语的目的是什么。"

斌哥说："当然是进外企了。"

我说："既然目标定了，那为什么不快一点达成？"

斌哥说："我家经济条件也不好，我不想花钱。"

斌哥说的是实话，我表示理解，但是反过来想，正是因为经济条件不够好，才更应该报个班，在老师的带领下更快地完成计划，早点进入外企。

其实，只要你真的在投资自己，那么你花的每一分钱都不会浪费。你花在自己身上的每一分钱，都会在未来得到回报。

05

在最该奋斗的年纪选择安逸，在最应该有野心的时候选择将就，这本身就是一种对生活的妥协。

人都有一个明显的特点，那就是欺软怕硬，其实生活也是。你只有对它硬一点，它才愿意给你更多；你妥协了，它便会将你踩在脚底。等你习惯了将就，你再想爬起来，就会发现身上负重太多，站起来奔跑还不如趴在地上舒服呢。

而那些从一开始就不愿意将就的人，总是会想方设法得到自己想要的东西，过上自己想过的生活。

很多人一看到别人挣的钱比自己多，总喜欢酸酸地来上一句：

"别看他挣得多，挣得多也花得多。"

想想总觉得好笑，人生一世，难道非要吃苦受累才算是幸福吗？不，那只是自我安慰的话。没本事的人，要想让生活过得更好，自然免不了受苦受累，但大可不必以此揶揄那些有本事享乐的人。

二十几岁，我们穷，这很正常，但穷则思变，而不是越穷越志短，也不是自己一边好吃懒做，一边又嫉妒别人享受生活。

你对生活的每一次将就，其实都在降低自己的欲望。欲望在某种程度上说是好事，它可以促使你不断进取。

米兰·昆德拉在《被背叛的遗嘱》中写道："生活，就是一种沉重的努力，努力使自己在自我之中，努力不至于迷失方向，努力在原位中坚定存在。"

不将就，其实就是对自我的一种坚定。努力向着自己最初的梦想前进，努力做自己想做的事，追自己所爱的人，过上自己想过的生活，才不会辜负此生。

慢慢来，你的努力终将成就你

01

生活中，你有没有遇到过这种人。他喜欢在人前表现，喜欢指挥别人，而且能说会道，可一旦让他做事，他不是偷懒就是耍滑。

我身边就有这样一个人，他叫大伟。

大伟在一家创业公司工作。这家公司采用业绩提成制，员工只要创造出业绩，就能切切实实地获得金钱上的回报。

第一次接触大伟时，我感觉他说话很有分量，看上去是那种特别优秀的人。但慢慢地接触了一段时间后，我发现他表现出的优秀只是一种假象。

大伟脑子转得很快，总能看到公司政策中的一些漏洞，然后琢磨着如何钻空子。他情商很高，但与别人交谈时一点也不真诚，都是满满的套路。他自恃聪明，想尽办法应付工作，而不是拼尽全力去提升业绩。

大伟在这家公司工作两年了，工资虽然不算低，但一直没有大的涨幅。而那些不如大伟"聪明"的人，一直脚踏实地，不断积累，业绩越做越好，远远地超越了他。

很多人对大伟的评价都是人很聪明，但太贪玩了，不够踏实。

聪明是一种天赋，就像美貌一样，都是老天爷赏饭吃，但空有资本而不好好利用，就是暴殄天物。

天赋不够，努力来凑。拥有天赋，却不去努力，最后也只能泯然众人矣。

02

总监去总部开高层会议，回来后由衷地感慨道："我以为自己已经很努力了，没想到很多比我优秀、聪明的人，比我还要努力。"

很多人都觉得某个人反应快、能说会道、善于算计就是聪明，其实这些不过是小聪明而已。

真正的聪明人都是有大智慧的，他们不会偷懒耍滑，他们更懂得一分耕耘，一分收获。

就像南怀瑾曾经说过的，现代人都太聪明了，不择手段，到最后成功的，肯定是踏实本分的。

聪明固然好，但用错了地方，就会聪明反被聪明误。

与其做一个聪明人，倒不如做一个脚踏实地的老实人，认认真真把事情做好，坚持不懈地努力，这样自然会得到命运赠予的"小确幸"。

03

我有个朋友小张，特别喜欢买彩票，雷打不动地每周都买。

用他的话说就是，买了才有中奖的机会，不买连机会都没有。

听着确实没毛病。

但细细一想，似乎有点不对，彩票本来就属于极低概率事件，中不中全凭运气。

小张不这样认为，他总是觉得凡是努力就会有回报。可他忘了，靠买彩票企图一夜暴富的行为不是努力，是投机。

因为从概率学的角度来说，不管你买多少次，其实每一次中奖的概率都无限接近于零，所以中奖是非正常事件，不中才是常态。

但就是这种希望渺茫的事情，小张依然乐此不疲地坚持着。他说花的钱也不多，买个希望总是好的。

最后的结果可想而知，他的希望一次次破灭成了失望。

谁不想一夜暴富？但即便你暴富了，你能守得住财富吗？

据调查，很多中了大奖的人，几年以后非但没有飞黄腾达，反而债台高筑。

太容易降临的好事，不一定就是好事；太轻松得到的东西，便不会太过珍惜。

投机取巧得到的只是蝇头小利，真正的成功都需要脚踏实地，一步一个脚印走出来。

04

阿宁高考失利了，上了一所普通大学。

阿宁的家人每每提到这件事总是唉声叹气地说："你说你以后能做什么？学习不好，长得不好，又那么笨，连家务都做不好，以后怕是嫁人都没人愿意娶的。"

阿宁也觉得自己很笨，为什么别人样样都优秀，自己却一无是处呢？不过她又反过来想，就算笨一点、胖一点、丑一点，难道就注定一事无成了吗？

阿宁不甘平庸，大学毕业之后，来到一家公司做销售。

她工作很拼，任劳任怨的拼劲让很多男同事也自叹不如。为了业绩，她经常各地出差，晚上说梦话都在向客户推销产品。

功夫不负有心人，阿宁的业绩越做越好，收入越来越多，职位也在短短两年内升到主管，后来又升为区域经理。

现在阿宁小小年纪便年薪几十万，虽然她还是胖胖的、笨笨的，但再没有人觉得她一事无成了。

其实，每个人的起点不同，经历不同，成功只是或早或晚的事。就像有句话说的，每个人都有自己的时区。

不要害怕来不及，太早到来的幸运你未必就能承受得起。慢慢来，不要急，只要你脚踏实地地去努力，你就会越来越好，而你人生最坏的结果也无非是大器晚成。

你的痛苦有时是因为太爱比较

高考录取结果出来后，小表妹考上了南京一所二本院校，学校师资力量很不错。

我笑着给她道喜，说这下她可以无忧无虑地疯玩一整个暑假了。

谁知小表妹听到这话，不但没有高兴，反而伤心地哭了起来。

反常的表现着实把我吓了一跳，我赶忙问她原因。

小表妹说："知道录取结果后的这些天，我一直过得很累，比高考前的熬夜奋战还要累。"

"为什么会这样？你考得也不差，应该开心才是呀。"

小表妹说："一开始知道结果的时候，全家人都很开心。爸爸妈妈给亲戚们四处报喜，乐得合不拢嘴。正当我们沉浸在喜悦中时，得知邻居的孩子考上了一本院校。都是一个村子的人，从小玩到大的小伙伴，交同样的学费，做一样的试卷，人家考一本，我却只考了二本。现在走出家门，我都感觉别人在用一种异样的眼光看着我。妈妈也不像前几天那样开心了，每天一想起来就唠叨，埋怨我平时为什么不多努力一点，多考几分。假期没有事情，我时不时会玩电脑，妈妈看到后就严厉地批评我'考这么差，还有心思玩电脑，还不看书去，你看人家那孩子考上一本了，每天还是关在房间里学习'。"

本来，考上大学对小表妹全家人来说都是一件大喜事，就是因为攀比，把之前的喜气生生地丢掉了，不仅丢到地上，还要用脚踩几下。

从小到大，我们的父母都喜欢用"别人家的孩子怎样怎样"来教育我们。在父母眼里，似乎别人家的孩子做什么都比自己的孩子优秀。把自己的孩子与别人家的孩子进行比较，虽然本意是希望自己的孩子努力上进，超过别人家的孩子，可是这种方法无形中也给孩子带来了妒忌心理。

看到别人比自己优秀，不从自己身上找原因，而是嫉妒别人，看到别人不如自己，又会得意忘形。

从被动地处于一种攀比的环境中，到主动地形成更多攀比，最后却发觉越是攀比越不幸福。

02

人人都渴望拥有幸福，我们都在迫不及待地追求幸福，可是有时却发现，越追求幸福越会远离幸福。

我们以为不断地攀比，让自己永不满足，就可以不断进取，就可以越来越幸福，却不知道，有时你的不幸福，恰恰是源于自己太爱比较。

就像那个追着自己尾巴的小猫，它以为自己只要一直追，就可以得到幸福了，却不知幸福就在它身边，它只要向前走，幸福就会跟着它。

奔跑的时候，总是怕别人超越自己，所以总是回头看，或者不停地瞟向旁边的人，这样又怎么能跑得快？

玲玲的闺密嫁给了一个有钱的老公，平日总是买买买、晒晒晒，时不时再来场说走就走的出国游。她的朋友圈里都是美美的照片，一打开不是美食，就是美景，要么就是穿着各种大牌服饰的个人美照。

玲玲每次看到闺密的朋友圈，心里就不是滋味，然后埋怨老公没本事："你看看人家的老公多会挣钱，再看看你，怎么这么没有出息。我真是有眼无珠，当初居然看上你。"

玲玲刚开始抱怨的时候，老公也觉得很对不住她，不能给她想要的生活，所以不管玲玲怎么骂他，他都是一副笑呵呵的样子，然后乖乖地洗衣、做饭，百般讨好。

有一次，闺密生日，邀玲玲夫妇参加她的生日派对。

生日派对盛大豪华，美食、美酒无限量供应。

玲玲老公看着美食，一个人坐到角落狂吃起来。玲玲看到后觉得老公给她丢了面子，很是生气，只是碍着人多没有发作。

回到家里，玲玲开始发飙了，埋怨老公给她丢脸。没钱也就算了，看到好吃的东西后吃相那么难看，别人一看就知道他平时没有吃过，多丢人。

玲玲老公派对上多喝了一些酒，胆子也比平日大了不少，和玲玲争吵起来。

他不能理解为什么两个人过日子，玲玲非要和别人攀比。每个人的生活方式都不一样，别人享受豪华生活又如何，他们过自己的平淡日子，不也是一种幸福吗？

再说，谁规定只有有钱人才能拥有幸福？没钱照样有没钱的活法，再说他们两个人也不是过得很穷，中等家庭而已。这样一辈子平平淡淡、现世安稳不也很好吗？

可是，玲玲却不这样想，同样是女人，而且是从小玩到大的好闺密，自己长得不比她差，学历不比她低，为什么她能嫁个有钱老公，过着阔太太的生活，而自己却要在职场中打拼求生存。

玲玲虽然表面上和闺密有说有笑，但内心无时无刻不在羡慕嫉妒中饱受折磨，而她越是这样，越觉得不幸福，和老公的争吵也越来越多。

03

周国平说："在这个世界上，富豪终究是少数，多数人不论从事的是什么职业，努力的结果充其量也只是小康而已。"

但小康又有何不好？小富即安康。

一个人只要生活在和平的世界上，有健康的身体，过一种小康的日子，父母双全，夫妻恩爱，子女听话，就是最大的幸福。

可是不知道从什么时候开始，我们变得越来越不幸福了。物质生活提高了，娱乐活动丰富了，我们还是觉得很忧伤。

小时候，我们吃一块糖果就可以开心很久，现在吃一整盒巧克力依然觉得不过瘾；以前觉得吃饱就很幸福，现在吃着大鱼大肉依然觉得没有胃口；小时候，过年买一件新衣服都开心得不得了，现在穿着几千元、上万元的衣服依然觉得档次不够。

什么叫幸福？

范伟说："饿极了的时候，看谁手里有俩包子那就叫幸福；要是能给我吃，那就幸福死了。"

以前能吃个包子就觉得幸福，现在各种口味的包子摆在你面前，你依然觉得不够幸福，因为你发现你只有包子，而别人不仅有包子，还有各种美味的粥。

很多人觉得以前的穷日子比较快乐，但那个时候真的快乐吗？不过是我们用回忆将其美化了而已。

我们现在之所以怀念过去的穷日子，觉得那个时候的人很幸福，无非是因为那个时候的人都一样穷，家家都一样，你吃不上饭，他也吃不上饭，所以大家不需要互相比较什么。

而现在，我们有了好东西就想拿出来炫耀，希望得到那种"人无我有，人有我优"的优越感。

一旦这种优越感被别人打破甚至超越，我们就会觉得受挫，觉得自己过得没有别人幸福。

就像你今天买了一辆市价十万元的车，一家人高兴得夜不能寐，觉得自己比邻居家幸福。第二天，邻居买了一辆市价二十万元的车，你看着自己的车，再也开心不起来了，暗暗发誓下次一定要买辆更贵的车。

04

有人说，爱比较、有竞争才能推动社会进步。

话是没错，可如果一个人一直处于互相比较的环境中，他就很难静下心来认认真真地享受自己现在拥有的一切。

你有钱过你的优质生活，我没钱也能好好经营我的小日子；你在高尔夫球场悠然自得，我在群山之巅极目远眺。

生活毕竟是自己的，何必区分谁比谁更优越呢？

白岩松曾说："幸福像鞋，舒不舒服自己知道；又像'百分百'的黄金，可以无限接近，却无法彻底到达。"

幸福和钱有关，和名有关，和利有关，所以我们都拼命为了钱奔波，为了名忙碌，为了利奋斗，为各种各样的事情忙，为了比别人过得好一点忙。

可是，我们后来把幸福都忘了。每天焦虑、烦躁、难过、憔悴，非但没有获得自己想要的幸福，反而离幸福越来越远了。

当初我们以为只要比别人好一点，就会很幸福，追了一辈子却发现自己最幸福的时候还是那些怡然自得的日子。

太爱比较，太刻意追求幸福，反而会一无所获。

正所谓知足才能常乐。其实，幸福很简单，就是做一个不攀比、不依附的人，从平淡的生活中感受到乐趣、意义与价值。

如果成功有捷径，那就是坚持

01

前几天我和朋友一起出门买东西，被路上一家湘菜馆的招牌吸引了，上面精致的菜肴看得人垂涎欲滴。

呆呆地看了好久，我们异口同声地说今晚就在这家餐馆吃饭吧。

于是两个人买完东西，就急匆匆地跑进这家餐馆。

刚进门，几名服务员齐刷刷地站成一排，齐整亲切地说"欢迎光临"，我们点点头微笑着走了进去。我对朋友说："你看他们服务多热情，菜做得一定也不错。"

很快，服务员拿来了菜单，我们赶紧点起菜来。

蒸鱼看着又鲜又嫩，红烧肉看着油而不腻，粉蒸排骨看着香甜可口，就连一盘普普通通的炒青菜看上去也很美味。

作为"吃货"的我们激动地点了很多菜。

等菜的过程中，隔壁桌子一对男女结账离开了，一桌子菜几乎没怎么动。

我和朋友说："你看他们多浪费，剩了这么多。"

朋友说："也许他们有急事吧。"

我点点头说："有可能。"

不一会，我们的菜也来了，我和朋友望着菜大眼瞪小眼。

朋友说："这和图片差别也太大了吧。"

逐个尝了一遍，不是太咸就是太淡，要不就是太过油腻。

朋友吃了几口米饭和青菜就不吃了，我不想浪费，还在拼命往肚子里咽。

可是，实在太油腻，吃得好想吐。最后，喝了一大杯水后就匆匆结了账，留下一桌子菜还像刚摆上时一样。

刚要跨出餐馆大门，一排服务员又整齐地高声喊道"欢迎下次再来"，热情依旧。

我小声嘀咕"下次打死也不来了"。

走出餐馆，在四周逛了一下，发现这家餐馆是客人最少的一家。其他餐馆门口都站满了拿着号码排队用餐的客人，只有他们家门可罗雀。

从外观看，这家餐馆的装修大气典雅，宣传推广做得也很到位，服务更是热情周到。他们做好了餐饮行业需要做的很多事情，可是唯独没有把最重要的事做好，那就是饭菜本身。

虽然环境和服务都很重要，但客人去餐馆吃饭最希望的还是菜式新颖可口。如果饭菜做得不好吃，即使服务再周到，也只是本末倒置。

哲学上有个理论叫作主要矛盾和次要矛盾。主要矛盾对事物的发展起决定作用，次要矛盾对事物的发展不起决定作用。

一个餐馆要想发展壮大、宾客满堂，最重要的是把菜做得好吃，这样才能吸引回头客和新的客人，而不是拼命发展服务和宣传。

没有把事情的主次搞清楚，即使再努力，想取得成功也是难上加难。

02

同样是餐饮行业，日本有这样一家点心店。

它的面积只有一坪（约3.3平方米），但年销售额居然高达3亿日元（约1833万人民币）

这家点心店名叫小竹，位于东京吉祥寺商业街，只出售羊羹和最中两种点心。

小店的羊羹每天限量150个，每人限购5个，为了买到这种梦幻羊羹，很多人早上四五点就来排队，要是赶上节假日，甚至有人半夜一点就来排队，这种排队的情况居然持续了四十多年。

羊羹随禅宗传至日本，由于僧人不吃肉，就用红豆与面粉或葛粉混合后蒸制，制作方法很简单：把红小豆煮熟，碾碎，再和砂糖和琼脂混合熬煮，然后冷却成型即可。

这家店从来没做过广告，也没接受过采访，店面小而朴素，门前也没有停车场，但年销售额达3亿日元，实在让人惊讶。

是什么原因能让这家小店如此之火，而且热度经久不衰呢。是因为店家把制作羊羹这件事当作毕生的事业，用心去做，严格要求每一环节都做到极致。

他们之所以如此成功，就是因为他们上百年来只专注于最重要的一件事情，那就是产品，并且努力把它做到极致。

知道自己要做的是什么，并努力做到最好，那么成功就是或早或晚的事。

03

有这样一个故事，在茫茫的大草原上，有一位猎人和三个儿子。

一天，老猎人带着三个儿子到草原上打猎，他向三个儿子提出了一个问题："你们看到了什么？"

老大回答道："我看到了我们手里的猎枪、草原上奔跑的野兔，还有一望无垠的草原。"

父亲摇摇头说："不对。"

老二的回答是："我看到了爸爸、大哥、弟弟、猎枪、野兔，还有茫茫无垠的草原。"

父亲又摇摇头说："不对。"

而老三的回答只有一句话："我只看到了野兔。"

这时父亲才说："你答对了。"

果然，老三打到的猎物最多。

老三之所以打得猎物最多，就是因为他的眼里只关注最重要的一件事情，坚定目标不动摇。

04

其实，不管做什么事情，我们都应该抱有专注的态度。你不一定要做很多事情，因为人的一生时间有限、精力有限，但只要把自己最想做的事情、最重要的事情做好，其实你就离成功不远了。

很多人之所以一直碌碌无为，并不是因为他比别人笨，也不是因为他不努力，而是因为他做的事情很多，但没有坚持做好一

件事情，或者做了很多次要的事情，反而没有抓住最重要的那件
事情。

正所谓打蛇打七寸，擒贼先擒王。

不抓住要害，不先处理好主要矛盾，即使你付出了很多努力，
也只会成效甚微。

这也是为什么说选择比努力更重要的原因，目标选错了，
努力只是在做无用功。不清楚自己真正要做的事情，不知道什
么事情对自己来说最重要，就很容易三心二意，被许多次要的
事情绊住。

成功是一件很辛苦的事情，不是只要努力就可以获得成功的。
如果真的有捷径的话，那就是认清自己最重要的目标，并一直坚
持下去。

你所谓的合群，不过是在浪费生命

01

你身边有没有这样的人，他们总是以主动合群的方式来拓展人际关系，希望自己能融入一个又一个群体。

阿灿就是这样一个人。

阿灿为人热情、豪爽，最大的爱好就是交朋友。他的朋友确实很多，光微信好友就有几百个，各种微信群也是多得聊不过来。他的朋友遍及各行各业，一有时间，大家就组织各种聚会，以加深感情。

一顿饭吃下来，几瓶酒喝下去，大家感情深得像亲兄弟一样。饭吃好了，大家又跑去唱歌，唱完歌再去通宵打牌。因此，阿灿经常彻夜不归。朋友多嘛，没办法的事。

朋友间吃饭讲究礼尚往来，所以今天你请客，明天我一定得回请。于是，吃饭、喝酒、唱歌、打牌，一条龙下来，好几千块钱就没有了。

有一次，阿灿手头有点紧，便跟朋友们借钱周转，但大部分人都以各种借口委婉拒绝了。

阿灿想想就气愤，他们跟自己借钱时，自己可从来没有犹豫过，果然是借钱鉴真心。

阿灿这才意识到，那些整天在一起吃吃喝喝的朋友，大多只是酒肉朋友。那些所谓的兄弟情深，不过是酒后的胡言乱语，其实大多只是逢场作戏罢了。

真正的朋友，不一定经常联系，也不一定经常相聚，但只要你遇到困难，他一定会第一时间帮助你。

而那些需要用吃饭喝酒来巩固的感情，看似如铜墙铁壁般稳固，其实就像一层上了色的薄纸，轻轻一碰，它就破了。

一个成熟的人，最应该学会的就是有选择性地交朋友。不懂得筛选朋友，不愿意放弃一些无用社交，那么你所谓的合群，不过是在浪费生命。

02

有一段时间，我一度对自己很失望，因为我发现自己的朋友很少。

很多人经常约一群朋友逛街、吃饭，我却只能独来独往。

大学时，我是宿舍的另类，整天泡在图书馆里，早出晚归。

工作以后，我还是一个另类，把工作和生活分得太清，也不爱参加公司的社交活动。

我不会喝酒，不爱打牌，也不合群，所以经常被人认为孤僻高冷。

我也曾试着去合群，试着和大家玩在一起，但这种强迫性的合群只会让我的内心疲惫不已。

以前，我以为自己是性格上有缺陷，后来才发现，自己只是没有把广交朋友划在人生中最重要的事项里。

于是，我开始跟随自己的内心，做自己觉得快乐的事情。我努力看书、写作，专注于自己真正想做的事情上。慢慢地，我在不经意间就认识了很多志同道合的朋友。

其实，人与人之间就像磁铁一样。当你的吸引力不够的时候，你就算满世界去寻找，也不一定能找到志趣相投的人。如果你的磁力够强，哪怕你原地不动，也可以把和你相合的磁铁吸引过来。

03

小刘毕业后去一家大的外贸公司实习，因为是新人，又不善于交际，他总是被一个老员工欺负。

那个老员工把他安排到工厂里，什么脏活、累活都让他做，还时不时地给他脸色看。

不过，小刘并没有抱怨什么，他埋头努力工作，少说话多做事，下班了就努力学习英语，不断给自己充电。

有一天，公司来了一批国外客户，想去工厂参观，临时需要一个英语好的员工陪同。

公司有几个英语好的同事都去外地参加展会了，一时间找不到合适的人。经理急得直跺脚，这时小刘自告奋勇站了出来。

经理看着这个初生牛犊般的小伙子，半信半疑，但暂时找不到人，也只能硬着头皮让小刘去接待。

没想到，小刘英语发音标准、流利，介绍产品很是专业。

参观结束以后，客户对小刘非常满意。

经理也大喜，悔恨当初没能慧眼识人，这么优秀的年轻人差点被埋没在工厂里了。

那个老员工也因为经理对小刘大加赞赏而改变了以往冷淡的态度，变得热情起来，甚至特地跑来向小刘请教学好英语的秘诀。

很多年轻人刚进一家新公司，首先去做的不是好好学习新知识，而是努力和老员工套近乎，他们觉得只有和老员工打好关系了，建立了稳定的友谊，才能学到东西。

的确，人脉可以帮助我们很多，但如果自己不够努力，没人会一直无条件地帮你。

友谊很重要，但我们一个人一生中真正的莫逆之交只有那么几个，大多数的朋友只不过是泛泛之交。

04

曾经有人统计过，西方葬礼时每个人都献鲜花，但是最多不超过两百枝，由此可见，一个人一生中好的朋友也不会超过两百个。

而我们的很多社交，其实只是无效社交而已。

很多人以为，只要多交朋友就可以凭着广大的人脉关系来发展自己，其实，最终你会发现，比发展人脉更重要的是提升自己。

年纪轻轻、一无所有的时候，你把所有的精力都用在结交朋友、努力合群上，那么以后能留给你的只能是越来越多的你进不了的圈子。

拥有大智慧的人都懂得努力发展自己，只有自以为聪明的人才会努力合群。

1967年美国社会心理学家米尔格伦提出了"六度分离"理论。

你和任何一个陌生人之间所间隔的人不会超过五个，也就是说，最多通过五个人你就能够认识任何一个陌生人。根据这个理论，你和世界上的任何一个人之间只隔着五个人，不管对方在哪个国家，属哪类人种，是哪种肤色。

理论确实如此，可是实际操作起来却是难上加难。

因为你是什么样的人，你所认识的大多也是和你等级差不多的人，没有人有义务帮你进入更高的圈层，所以，你所谓的人脉、你所谓的合群，其作用并没有你想象中那么大。

与其把过多的时间浪费在结交朋友上，不如努力提升自己。

你不够优秀，认识谁都没有用。

你优秀了，谁都想认识你。

经济独立的女人，才有更多选择权

01

很多人都觉得女人不需要太努力，毕竟结婚之前可以靠父母，结婚之后可以靠老公。即便她们没有很多钱，也可以保证自己吃喝不愁。

所以，女人不需要有太高学历，不需要努力拼搏，不需要挣很多钱，能够勤俭持家、相夫教子就够了。

可是，这样真的就够了吗？

根据我身边一些朋友的真实事例，我可以明确地告诉你：努力的女人不一定会过得很幸福，但如果她不够努力，获得幸福的可能性将很低。

02

你不努力，拿什么来爱你的父母？

朋友温迪和初恋男友已经定过婚了，但男生还是和她分手了，因为她的父亲出了很严重的车祸。

手术需要花费很多钱，而且手术过后的后续治疗也是一笔很大的花费。男生怕温迪的家庭会拖累到他，就和她分手了。

而温迪父亲因为家里缺钱，做完手术没能接受更多的后续治疗，导致双腿无法正常行走。

那时温迪二十岁出头，以前从来没遇到过太大的波澜，如今突然面临家庭和爱情上如此大的变故，她一时间无法承受，颓废了很久。

也就是从那时起，温迪才意识到钱对于一个女人来说是多么重要。如果她有钱，父亲就可以接受更好的治疗，也许有一天会完全康复；如果她有钱，男友也不会因为害怕拖累而离开她；如果她有钱，她的家庭就不会因为这次变故而陷入困境。

很多人都说温迪的男友冷漠无情，可是爱情有时就是比较功利的。毕竟两个人还没有正式确定关系，他没有义务因为这段感情就负担起你家庭的重任。

真爱本就是很稀少的，面对对方家庭突发的变故，大多数人都想规避风险。既然这份感情面临很多挑战，那么及早收场才是最好的选择。

温迪跟我说，她并不怨恨男友，她是家里的老大，以后家庭的重担都要压在她的肩上，她也不想因此成为男友的拖累。要怨恨也只能怨恨自己没本事，如果自己有钱的话，这些状况也许都可以改变。

也就是这件事情让温迪意识到钱的重要性，从那以后她就开始努力工作，拼命挣钱。

都说女人不需要太努力，可是如果不努力，我们的父母就会很辛苦。就像有句话说的："你的岁月静好，不过是有人替你负重前行。"

如果温迪的父亲不是想着多挣一些钱，让家人过得更好一点，也许他就不会发生车祸，如果不发生车祸，也就没有后面的这些烦恼。说白了，还是钱惹的祸。

有时走在大街上，经常看到一些老年人艰难地推着小车，在寒风里贩卖一些小物品。我忍不住会想，他们的孩子呢，也许一个月省下两件衣服的钱，他们的父母也不用那么辛苦了吧。如果我的父母老了，我却没能挣到很多钱供养他们，他们是不是也要这样风里来雨里去呢？

都说陪伴是最大的尽孝，其实努力挣钱才能为父母提供更好的保障。

当父母老了，让他们不再为吃喝发愁，让他们可以穿得体面，让他们可以去外面的世界看看，让他们可以每天都过得舒舒服服，脸上洋溢着幸福的笑容，这才是最好的尽孝。

大学期间学校组织了一个辩题为《物质尽孝重要，还是精神陪伴重要》的辩论，正反两方激烈地争辩不休。如果让我选的话，我还是觉得物质尽孝更重要一些吧。

如果你没有钱，就算天天待在父母身边，陪伴着他们又有什么用？那样的陪伴并不是孝顺，而是拖累。

只有自己有一定经济基础，可以把父母接到自己身边，给他们更好的生活，才是真的孝顺。也许你现在需要远离家乡，远离父母，但现在的分离，只是为了以后更好地相聚。

03

你只有不断努力，在爱情中才有更多自主权，更容易选择情投意合的人，而不仅仅是门当户对的人。

我的一个表妹和男朋友分手了，因为她父母嫌男方家境不好，死活不同意两个人结婚。

表妹哭得死去活来，但父母毫不退步，她没有办法，最后还是和男生分手了。

她理解父母的心情，因为自己空有好看的外表，却没有太多本事。

她从小是被父母捧在手心里的小公主，父母连半点委屈都没有让她受过，怎么可能让她嫁个没钱的男人呢？

要怪只能怪自己，如果她有能力，可以把自己养活得很好，即使嫁的男生家境不好，只要努力上进，他们的生活也不会太过艰辛。

所以千万别说女人不需要太努力，那些真正嫁给爱情并婚后幸福的大多是努力的女子。

你不努力，你又凭什么说对于婚姻你不愿将就，你一定没有底气这样说的。

04

你只有努力，才可以生活得更随意。

网上看到一篇文章说，一个女生怀孕期间抱怨婆家给她吃得太差，自己想买个东西都得不到允许。

问其原因，因为婆家经济条件一般，丈夫工资也不高。女生怀孕，工作也辞了，她没有任何经济来源。

家庭的重担都压在她老公一个人的肩上，所以女生想买个东西也要思前想后，不能随心所欲。

如果女生自己有工作的话，或者有一份坐在家里就能挣钱的兼职，那么她买起东西来就不会像现在这样处处受到拘束。

经济独立，才能在婚姻中更游刃有余。

你不努力，就只有买不完的地摊货和逛不完的菜市场。

俗话说："人穷志短。"如果你不能经济独立就，就容易从一个不食人间烟火的明媚女子变成爱贪小便宜的中年妇人，从一个文艺女青年变成言行粗鄙的市井大妈。

这一定不是你想要的生活，可是如果你不够努力，这也许就会成为你以后必须面对的生活。

外面的世界很精彩，美好的东西很多，优秀的男人也很多，但不是每个女人都可以说走就走，也不是每个女人都可以想买就买。

你不努力，那些美好的事物你就真的配不上。

你是女人，也许你并不担心嫁不出去，但努力后的你和不努力的你，嫁的不会是同一个男人。

所以，女人还是趁着年轻，多努力一点好，这样在选择生活方式时才有更多的自主权。

Part 5

拼尽全力，
成为一个有本事的人

每个人一生都会遇到很多选择，

学业、爱情、工作等，

每一样都是风险与机遇并存。

如果你不敢冒险，虽然看似安全，

但也因此失去了实现人生梦想的机会。

与其悔恨遗憾，不如勇敢地去冒险一次，

也许你的人生际遇就真的因此而改变。

所谓成功，就是把一件事做到极致

01

橘子姐又换工作了，我已经记不清这是她毕业三年来换的第几份工作。从外贸销售到房产中介，从售楼小姐到企业前台，她都尝试过。

每份工作至多半年，橘子姐就觉得自己待不下去了，因为她发现公司的弊端越来越多，同事之间钩心斗角，工作任务多而繁重，老板缺乏管理能力，公司规章制度形同虚设……

橘子姐是一个直性子的人，公司里的种种不合理之处都让她忍无可忍。

她认为，自己只是公司里的一个小员工，公司内部大环境如此，自己虽然无法容忍，但也无力改变。

既然改变不了大环境，那就先从改变自己着手。于是，她选择跳槽。

南京公司那么多，总不会每家公司都是这样。橘子姐不断地跳槽，紧接着一连跳、二连跳、三连跳……

别人跳槽是越跳职位越高、工资越多，而她恰恰相反，跳来跳去，工资越跳越低了。第一份工作，她一个月还有四千元的工资，三年跳下来，每个月的工资只有三千元不到。

她越想越郁闷，觉得人生真是没意思，眼看着自己即将三十，她开始心慌了。

有天晚上她失眠，就打电话把我喊起来陪她聊天。

她说："要死了，要死了，我现在好迷茫，你快给我出个主意。"

"以前我就劝过你换工作别这么勤，你总是不听，还振振有词地说只有多换工作才知道到底哪种工作最适合自己。现在怎么样，换了一圈，感觉如何？"

她笑嘻嘻地说："换了这么多份工作，虽然没发现自己最适合什么，但知道了自己最不适合什么。"

呃，好像也蛮有道理。

"那你接下来打算怎么办？"我问她。

"我就是不知道接下来要做什么，才想让你帮我分析一下啊！"

经过一个多小时的分析，橘子姐最后决定重新回到老本行——外贸销售，因为她英文不错，也喜欢和客户在网络上沟通交流。再者，她大学期间的专业就是商务英语，也算专业对口。

"橘子姐你这次一定不要再换工作了，要不然你每一份工作都是浅尝辄止，就算换一百份工作，也不一定能学到很多东西。"

"必须的，放心好啦！我想通了，这次一定不会再怨天尤人了。以前觉得做外贸销售压力很大，工作换得多了也就看透了，挣钱的工作没有哪个是轻松的，换工作解决不了实际问题，不断提升自己的能力才是王道。"

而后，橘子姐确实改变了很多，她不再抱怨，不再嚷着跳槽，而是静下心来，努力把现在的这份工作做得好一点，再好一点。

皇天不负有心人。半年后，橘子姐的业绩终于得到了老板的认可，不仅加了薪水，职位也提升了。

其实一个人要想快速进步，要想在某一行业有所建树，只需把自己最想做的事做好就可以了，不断精益求精，把一件事情做到极致，就可以超越同行业的很多人了。

很多事情之间都有连锁反应，你努力把一件事情做到极致，其他事情就会迎刃而解。

02

看到橘子姐的进步，我替她高兴的同时不禁想到了自己。从小到大，我有过无数梦想，可是直到现在也一事无成，因为我做事总是三心二意，今天觉得学这个不错，明天又想学那个，从来没有静下心来，认认真真地把一件事情努力做到极致。

就像那个"狗熊掰棒子"的笑话一样，先掰一个夹在左胳膊下，再掰一个夹在右胳膊下，如此往复地掰，棒子不停地掉，忙碌了一天，最后只夹着一个走了。

有时，同时想着去做几件事情，反而得不偿失，最后不仅注意力分散，人也搞得很疲惫，而且无法取得预期的效果。

有一句话叫作心有余而力不足。能力不够，而心又无比大，注定一事无成。现在想想，如果自己一直专注于写作这件事情，努力把它做到极致，也可以有所收获吧。

没有哪种成功是一蹴而就的，没有哪个人可以轻而易举地功成名就。你看到的那些比你优秀的人，都是从无数的艰难岁月中熬出来的。

当你看到他们站在闪光灯下成为让你羡慕的那个人时，你以为他们是一夜成名，却不知道他们在某个领域默默地坚持了多少年。

03

六神磊磊多年来只坚持做一件事情，那就是读金庸的武侠小说。他不仅善于分析小说里的人物，而且努力把小说中描写的江湖与社会现实结合起来，所以他获得了超高的人气和超多的关注。

金庸的武侠小说自出版以来备受人们追捧，可是为什么只有六神磊磊火了？

因为很多人读金庸的武侠小说只是享受阅读的乐趣，浅尝辄止，而六神磊磊不仅读了很多年，还把读金庸小说这件事努力做到了极致。

看到六神磊磊大火之后，很多人都在想："有没有搞错呀，金庸的小说就那么几套，早知道我也搞一个读金庸的微信公众号，没准比六神磊磊还要火。"

有的人甚至效仿起来，但没有一个人能再获得六神磊磊那样的名气。

有人会说，六神磊磊火得早，所以后来者很难超越他了。其实并不是这样。如果你能把金庸的武侠小说分析得比六神磊磊还要有趣、有料，你一定会超越他，只是时间早晚的问题。

关键在于，你是否能把这件事做到极致。

在同质化如此严重的今天，要想脱颖而出，你必须有鲜明的个人标签，所以你首先得选择一个点，做到最专业、最极致。

现在社会，很多人都在宣称自己多才多艺，但让他们展示才华的时候，却没有一项能拿得出手。

不管别人说什么，他好像都懂，不管别人做什么，他好像都会，可是真要让他展示自己的时候，他却突然怯场，即便有所表现，也无法让人心悦诚服。

他看似才多艺广，其实只是半瓶子醋。他说的别人都知道，他会的也只是略懂皮毛，而别人要的却是专业与精深。

04

秋叶老师火了，因为他PPT做得好。

很多人听到这个就暗自好笑，PPT大家都学过，谁不会做呀！

可是人人都会的东西，不一定人人都能做得好。就像做饭一样，谁都会炒几个小菜，却不是人人都可以成为名厨的。

这里的做得好，不是会做的意思，而是做到极致。

秋叶老师就是把人人都会做的PPT做到了极致，就像武侠小说中，只要是闯江湖的人，谁不会三拳两脚的武功，可是这并不代表会武功的都是高手。

千招会不如一招熟，只要把一样技能做到极致，你就是能人。

十八般武艺，精通一种便可平步天下。

人生只有短短几十年，哪怕我们精力再充沛，也不可能面面俱到。做得多不如做得精，一个人一辈子如果能把一件事做到极致，那就是最大的成功。

目标越多，越会像个无头苍蝇一样不知所措。倒不如学学那种"匠人精神"，沉下心来，一辈子专注于一件事，并且努力把它做到极致。

就像摄影大师楼宇浩说的："要么不做，要做就做到最好。因为把一件事做到极致，你就赢了。"

现在想想，成功其实不难，只要我们专注去做一件事，并且努力把它做到极致就好。但前提是，我们要静下心来专注于一件事情。

专注与简单看起来容易，其实是最困难最复杂的，心无旁骛比乱花渐欲迷人眼更难。

乔布斯说："专注和简单一直都是我的秘诀之一。简单可能比复杂更难做到：你必须努力理清思绪，从而使其变得简单。但最终这是值得的，因为一旦你做到了，便可以创造奇迹。"

愿我们都可以静下心来，专注于一件事情，并努力把它做到极致。一旦你做到了，便离成功不远了。

真想做一件事，那就立马去做

　　如果能重新选择，生命中那些让你遗憾、让你悔恨的事情你会如何对待呢？

　　就像做一张试卷，不对的就改正，少写的就增添，多写的就删掉；或者像画一幅画，先用铅笔细细描绘，不满意就用橡皮擦掉，最后再涂上各种色彩。

　　这样一来，你就不再遗憾、不再悔恨了吗？我想，也许你只会重蹈覆辙。

　　有些人初中时没有努力学习，上了一所条件不太好的高中，然后立志说这三年中一定要好好学习，考上一所重点大学。可是三年真的很长，他们坚持了一段时间后还是放弃了，等到悔恨的时候已经来不及了，考试分数只够报一所专科院校。

进入大学，他们又信誓旦旦地说，大学阶段一定要努力提升自己，要多考几个证书。可是，大学毕业时他们只是勉强合格，考证书的事早就抛到了九霄云外。

大学毕业后，他们又开始为事业勾画蓝图，要学哪些技能，要找哪类工作，要努力跳槽到哪家企业，都想得很好。可是，生活的忙碌与压力使他们分身乏术，根本不可能抽空去学习了。后来，他们结婚生子，悲哀地发现自己这一生终将碌碌无为。于是，他们将希望寄托给下一代，让儿女替自己实现未完成的梦想。

就像某些人梦想成为歌唱家、成为作家、成为画家，由于种种原因没有坚持下来，然后将希望寄托给子女，让子女按他们当初的梦想去选择学校、选择专业、选择职业，却不问子女们真正的梦想是什么。

他们从来没有想过，这些梦想都是自己的，并且只属于自己。如果他们珍惜每一次可以改变、可以重新开始的机会，也许他们的梦想早就实现了。可是，他们追求梦想的心不够坚定，最终一败涂地。更遗憾的是，他们不明白，自己的梦想别人是无法替他们实现的。

02

我们这一生中，其实有很多改变自我、重新来过的机会。只是对一些人来说，即使给他的生命以无限轮回，他也过不好这一生。

他缺乏改变的勇气，害怕坚持，并盲目乐观地期待着下一次机会。他以为生命还很长，以为机会还很多，然后不知不觉间就垂垂老矣，只能对着子女说："老啦老啦，我这辈子就这样了，我的梦想是不能实现了，现在就看你了。

这是多么可悲的事啊！幸好你还年轻，所以请记住：自己的梦想不要指望别人帮你实现，别人实现的梦想，永远也不可能是你的。

如果自己真的去努力了，去坚持了，即便到最后没有实现梦想，至少你不会悔恨，至少你曾经用尽全力争取过。

03

筷子兄弟在电影《老男孩之猛龙过江》中扮演追梦者肖大宝和王小帅，为了追寻歌唱梦想，两个人砸锅卖铁，远离家乡，在语言不通、人生地不熟的情况下，凭着一腔热血莽莽撞撞地来到美国纽约。虽然他们最后以失败告终，但是他们努力了，那些追梦经历已足够他们晚年坐在摇椅上慢慢回忆了。

对于这两个用尽全力的追梦者，谁能说他们的人生不精彩？

如果你真的想做一件事，就立马去做，哪怕别人不理解，哪怕要坚持很多年，你也别轻易放弃。因为有些事不做，真的会遗憾终生。

对很多人来说，真正让人悔恨的不是那些做错的事，而是那些没做的事。

做错的事，我们总能找到方法去弥补，只要自己愿意改正，就不会一错再错；可是那些没做的事，我们却连弥补的机会都没有。

看到过这样一句话："一次不算数，一次就是从来没有。只能活一次，就和根本没有活过一样。"

一次等于没有，但一次总比没有要好。好歹我们来世上走一遭，总可以在墓碑上留点什么。

为什么你挤不进更厉害的圈子

01

公司来了一个女生，肤白貌美，气质出众，是典型的"富二代"。

女生家是做丝绸生意的，同时兼做房地产开发。父母就她一个独生女，所以总是把最好的给她。

从小学到初中，她上的是当地最好的学校，初中毕业就直接被父母送到美国留学。暑假回国后，她来到了我们公司，打算实习一个月。

女生家离公司有点远，她一直住在酒店里，每天开着一辆宝马来上班。

虽然是"富二代"，但女生人很好，见多识广，又古灵精怪，和公司里所有人都聊得来，大家也都把她当作好朋友。

突然有个"白富美"愿意和我们这群苦命上班族做朋友，我们都觉得开心。可是慢慢地，我们发现玩在一起的人，不一定就能成为真正的朋友。

即使女生和我们玩得很嗨，我们也无法进入她的那个群体。

比如吃午饭，我们吃的都是十五块钱一份的快餐，买回来聚在一起，一边说说笑笑一边吃，而她经常一个人跑到公司附近的高档餐厅吃饭。有时她也会买回一份快餐，可是没吃几口就嚷着肚子疼。

她不是矫情，她真的只是吃不惯。

有个周末，女生提议说："我们一起去玩吧，我知道有一家很好吃的餐厅。"

我们欢呼雀跃地说"好啊好啊"，然后跟着她去了。

女生打扮时尚，像一个高贵的公主，而我们就像公主旁边那些朴素的侍女，满心忐忑地跟着她走进那家高档餐厅。

餐厅装饰典雅大气，优美的音乐不绝于耳，服务生训练有素，菜肴更是精致美味，每一道菜都挑逗着人们的味蕾。

我们就像没见过世面的人，对这里的事物充满好奇，张口结舌。

更让我们惊讶的是最后的饭钱，女生付了大头以后，我们每个人还是平摊了几百块钱，这都抵得上我们半个月的伙食费了。

再想想那些美味菜肴，我们不自禁地对它憎恶不已，这哪里是吃饭，吃的简直就是人民币。每一口吃下去的都是钱呀，我们肉疼不已。

从饭店出来后，女生建议我们到酒吧玩一会，我们异口同声地拒绝说"不了不了，今天太晚了，下次再去吧"。随后，便一起捂着依旧微微发痛的心溜之大吉了。

第二天，女生到公司后跟我们说，昨晚她又和另外一帮朋友转战了几家酒吧，一直玩到深夜才回去。

看来"白富美"的朋友终究还是"白富美"或者"高富帅"，我们这帮苦命上班族望尘莫及呀。

02

所谓"物以类聚，人以群分"，莫过于此吧。并不是说出身不同的人就不能成为朋友，我从来不觉得人际交往一定要在金钱上对等，但出身不同确实会决定两个人的价值取向。

那个女生觉得年轻时就要活得潇洒，天塌了还有父母顶着，你却不得不瞻前顾后、缩手缩脚，因为你出身平凡，你就是父母的天。

你觉得她浪费，她觉得你小气；你觉得她玩得太疯，她觉得你为人太闷。其实说白了还是彼此的价值观不同。

虽然我们很想和她成为真正的朋友，但是我们也知道，我们终究挤不进她的圈子。

圈子不同，即使强融进去，也依然会成为那个群体里的异类，显得格格不入。

如果拼命讨好，只会出现像《欢乐颂》中的阿关图那样的笑话。

阿关图一心想融入曲筱绡的圈子，得知曲筱绡愿意带她玩时，就千方百计地讨好她圈子里的人，毕恭毕敬地给众人敬酒，结果却被众人轻视。

圈子不同，何必强融。

你以为只要挤进去了，就能成为他们圈子中的一员，最后却发现这个圈子里的人根本没注意过你的存在。

当你没有达到那个圈子的标准时，你是挤不进去的，非要挤进去，挤得头破血流、狼狈不堪，又有什么意义？

每一个圈子都有它特定的要求，你是谁，你就属于哪个圈子。

03

比你厉害的人有很多，为什么你挤不进他们的圈子呢？

还记得自己刚写作的时候，给富兰克林读书俱乐部投了一篇稿子，不久就被通知录用了，然后我就成了他们的专栏作者，被拉进了专栏作者群。

进去之后才知道他们还有一个签约作者群，必须是文章写得好的人才能进去，写得不好 只能被拦在这个圈子外。

我很心动，很想进这个看起来更厉害的群。可是，我知道不会有人把我拉进去，即使我说我会好好写作，对方也会直截了当地拒绝。

然后，我就告诉自己一定要好好写，一定要有进这个群的资本。

后来，我的文笔渐渐有了进步，这个愿望终于实现了。

这之后，我陆续被拉进更多的作者群，认识了那些比我厉害的作者。

虽然加了他们好友，但我只是默默关注，不是不想和他们说话，只是知道自己还不够优秀，无法做到平等交流，同样也不想让自己显得刻意讨好。

想进入比你更厉害的圈子，你就应该有进入这个圈子的实力。

你的能力与圈子里的人旗鼓相当，才能和他们成为真正的朋友。

你说的话他们都懂，他们说的话你也能轻易理解，这样他们才会认同你的存在，你在他们的世界里才会感到舒适自在。

所谓人脉，说白了就是你在别人眼里的价值。

也许很多人会觉得这样说很势利，但如果你对别人没有一点价值，不是更悲哀吗？

年少时我们会因为玩得好而成为好朋友，长大以后，我们就要更多地考虑利益的等量交换。

价值不能等量交换，又何来人脉关系？

你不够优秀，凭什么指望那个优秀的人来帮你？

你不够优秀，凭什么进入那个更厉害的圈子？

当你挤不进那个更厉害的圈子时，千万不要强行挤入，因为有些圈子即使你挤得头破血流，也挤不进去。

你要努力提升自己，让自己变得有用。当你足够厉害时，别人自然会来接纳你。

一个人的精力是有限的，把时间用在最重要的人和事上，努力修炼好自己的内功。当你的内功登峰造极时，就算你深居山林中，别人也会想方设法请你出山。

一个真正强大的人，不会把太多心思花在取悦别人和攀附别人上。你是谁，才能遇到谁。你若盛开，蝴蝶自来。你足够厉害，才能被那个更厉害的圈子接纳。

陌生人，我害怕你的过分热情

如果一个陌生人突然加你微信，然后热情地询问你的隐私，你是什么感受？

是觉得自己魅力很大、很有成就感，还是觉得莫名其妙、心生厌烦？

最近，有个陌生人加了我的微信，上来就问我住在哪里？

我说大山里。

他又问我芳名是什么？

我骗他说我是中年妇女，当不起"芳名"这个词，叫我小七就好了。

他说我还是对他心存戒备，连名字都不肯告诉他。

我说，对不起大哥，咱们真不熟，等以后熟了再说吧。

他说我很高冷。

我暗自好笑，我哪里高冷了，生活中的我明明是个热心肠的人，只是我不习惯陌生人的过分热情，可能我的性格确实比较慢热吧。

在不熟的人面前，我总是沉默寡言，显得很闷。估计这位大哥也很无奈，料想不到我是这么没情调的"奇葩"。

不管怎样，我觉得两个人的交往必须经过一定的时间。还没充分了解就打得火热的人，能真正交心的概率也不会大。

也许那个人只是习惯性热情，可是对于我这种慢热的人来说，一开始就以搭讪为目的的热情，显得让人招架不住。

毕竟大家不熟，如此过分热情，难免让人觉得你有所企图。

面对陌生人，我们内心深处原本就有一种防备心理，如果对方再拼命地对我们展示热情，很容易让我们心生疑惑："他到底想干什么呢？"

02

上大学时，有一次坐地铁回学校，地铁里人很多，没有空座，我站在靠近门边的位置。旁边一个女生看到我后，非要把自己的座位让给我。

我说："我站着就可以了，谢谢你的好意。"

女生还是坚持要把座位让给我。

我说："谢谢你，真的不用了。"

女生说："你不坐，我就陪你一起站着吧。"

然后她就从座位上站起来，走在我旁边，和我闲聊起来。

她问了我家是哪里的、今年多大、在哪个学校上学等问题。

我想不通这个女生为何对我如此热情，她的态度让我感觉怪怪的。她问我的问题，有的我如实回答，有的我就临场编造，比如姓名，我用了一个假名。

女生比我先到站，下车之前说很高兴认识我，看我人很好就免费送我一张她所在公司的化妆品试用券，并重复了好几遍让我一定要去找她。

我这才知道，她的热情原来是套路啊！

哪有人会无缘无故地对你如此热情，陌生人帮助你可能出于善意，但善意过度便让人觉得不那么美好了。

特别是服务行业，热情好客是好事，但过分热情就容易让人唯恐避之不及。

　　比如你去商场买衣服，当你走进一家服装店时，本来你只打算看看有没有喜欢的款式。但售货员一直跟着你，热情地给你推荐新款。你跟她说自己看看就好，让她先忙。售货员一边应着，一边寸步不离地跟着你。你看一款她给你推荐一款，并示意你试穿一下。

　　你觉得过意不去，挑了两件去试穿以后，刚出来，她立刻迎上去帮你整理衣服。你说你自己来就好，她说没关系，一副生怕怠慢了你的样子。

　　你说衣服穿着不是很好看，她又给你推荐其他款式，让你继续试穿。

　　最后，看着售货员忙来忙去，你觉得不买一件有点于心不忍，只好挑了一件付款，但买回去也穿不了几次。

　　后来你学聪明了，只要碰到这种过分热情的售货员，就直接在店里迅速逛一圈，如果没有看中的衣服，立刻溜走。

　　售货员态度冰冷不好，但热情过度更不好。你只是想开开心心地买件衣服，她不停地给你推荐你并不喜欢的款式，使出浑身解数希望你付款，而不是真正为顾客考虑。她的热情从一开始就带着强烈的目的性，让人感到不舒服。

03

前段时间去海底捞吃火锅，我刚落座，服务生就走过来，热情地说上一大段背得滚瓜烂熟的欢迎词。然后就一直站在我旁边，等着我有需要的时候能及时为我服务。

海底捞的服务向来很好，只是个别服务生可能太过用力，有些热情过度。

比如吃虾，我说我自己剥就可以了，服务生可能怕我剥不干净，不停地说要帮我剥。

我知道他是好意，只是吃饭原本是一件很放松的事情，旁边站着一个陌生人，一直看着我吃，我打心底里觉得别扭。

而且像我这种吃相难看的人，更是不喜欢被陌生人盯着。

热情是好事，可是过分热情就会让人感觉不舒服。

就像有句话说的，真正的热情要有合适的温度，过分的热情是会烫人的。

别人过分的热情通常会让我们不知所措，也会让我们倍感压力。

君子之交淡如水，熟人之间尚且要注意分寸感，陌生人之间更应该张弛有度。

很多人觉得初次见面，自己表现得热情一点才可以赢得别人的好感，但其实过分热情反而让别人对你无感，甚至产生反感。

虽然说热情是人际交往的"升温剂"，可一旦温度失控，超过了正常值，就会让人际关系酿成悲剧。

有些人自来熟，初次见面对谁都有一种相见恨晚的感觉，和这个人聊得来，和那个人也聊得来，自以为这样就能让自己显得很有人缘。从表面上看，他似乎朋友很多，但真正愿意和他交心的却少之又少。

人的感情是有一个循序渐进的过程的，不可能第一次见面就打得火热。

如果真想和对方建立友谊，就要不卑不亢地与之相处，慢慢培养彼此间的感情，而不是刚认识就急于表现自己的热情。

日常生活中，我们总是强调做人要热情，但如果你的热情超过了一个度，非但不会受到欢迎，反而会被孤立。

这是人际交往中的普遍心理，不仅对熟人如此，陌生人之间更需要多多注意。

所以，面对陌生人，掌握好交往的尺度，才有可能让彼此间的感情发展下去。

敢冒险的人，更容易实现梦想

01

　　《牧羊少年奇幻之旅》中有这样一个情节：圣地亚哥被水晶店老板收留后，一边帮他卖水晶，一边努力攒钱，希望可以早日去埃及寻找宝藏。圣地亚哥的行为唤醒了水晶店老板心中的梦想，他告诉圣地亚哥他一直梦想有一天可以去麦加朝圣。他也曾像圣地亚哥一样拼命攒钱，可是当他攒了很多钱后，却不敢出发了。他害怕梦想一旦实现，便没有继续生活的动力了。

　　每当看到那些从麦加回来的朝圣者们津津乐道地谈论着朝圣之旅时，他总是羡慕不已。可是真要让他动身去朝圣，他反而胆怯了。

　　因为害怕冒险，所以他的人生留下了一个难以弥补的遗憾，就像隐藏多年的旧疾，突然在某天发作，隐隐作痛，提醒他还有一个梦想没有实现。

也许，冒险之后，不一定就能成功，也可能跌入失败的深谷。可是失败了还可以总结经验重新再来，而不敢尝试就连失败的机会都没有。

02

一个年轻人准备离开故乡，去实现自己的梦想。他动身的第一站，是拜访本族的族长，请求指点。

他对族长说："我不愿一生平庸，我不愿与草木同朽，我要与日月同辉，我要建立丰功伟绩，我该如何去做？"

老族长正在练字，他听说年轻人准备踏上人生的旅途，就写了三个字："不要怕！"然后抬起头来，对年轻人说："孩子，人生的秘诀只有六个字，今天先告诉你三个字，供你半生受用。"

十年后，这个年轻人已建立了一个超级商业王国，取得了巨大的成就。回到家乡后，他又去拜访那位族长。

到了族长家里，他才知道老人家几年前已经去世，家人取出一封密封的信对他说："这是族长生前留给你的，他说有一天你会再来。"他这才想起来，十年前他在这里听到了人生的一半秘诀，拆开信封，里面赫然又是三个大字："有何怕！"

是啊，人生一次，不要怕，又有何怕。

做事情总是前怕狼，后怕虎，看似处事谨慎，其实这种谨慎非但没有好处，反而会让自己错失时机。其实，有些成功，就在人生中几个关键的节点上，抓住了，你就离成功不远了。

许多人失败，不是败在他没能力、没经验，而是败在他不敢尝试。

敢于冒险，才能有所突破。

如果比尔盖茨不敢冒着退学的危险去开发电脑软件，也许就没有后来享誉世界的微软帝国；如果马云没有冒着不被理解的风险去开发互联网电商，也许现在我们的网络购物就不会如此方便；如果科学家们不敢冒着失败甚至牺牲生命的危险去发明各种机器，也许就没有我们现在舒适的生活。

03

不光事业上需要冒险，爱情有时也需要冒险精神。

朋友聚会，张哥说他大学期间最后悔的一件事就是没有去追求心目中的班花。

张哥和班花大学时是同班同学，两个人都喜爱文学。

张哥农村出身，家境贫寒，虽然文笔不凡，很受女生欢迎，但骨子里依旧有一点自卑感。而班花长相甜美、才华出众，就像降落凡间的天使一样。

张哥喜欢班花，可是他觉得自己配不上班花，而且现在的自己也不能给班花好的生活保证，所以他不敢表白。

张哥对班花的感情越深，在班花面前的行为就越不自然。他害怕与班花接触，后来干脆总是躲着班花，再远远地望着她，暗自心痛。

大学毕业以后，两个人分别去了不同的城市。随着时间的推移，张哥的工作能力不断提升，职位和薪资越来越高，整个人也变得自信而又充满魅力。

张哥终于有勇气向班花表白了，可是就在这时他收到了班花的结婚请柬。

张哥哭了，因为晚了一步，更是因为自己当初的软弱胆怯。

那时的他因为害怕被拒绝而不敢去追求，可是等到自己有勇气去追求的时候，他却连被拒绝的机会都没有了。

04

没有谁会一直站在原地等你，你不去追，你不去争取，你害怕冒险，那些美好就永远不会属于你。

网上看到一句话："大笑的人可能被当作傻瓜，流泪的人可能被视为脆弱。主动认识他人的人，可能会把自己暴露于尴尬的境地。把自己的想法和梦想宣告于众的人，可能失去众人的拥戴。去爱一个人，要冒不被那人爱的风险。活着，有死亡的危险。想成功，要冒失败的风险。可是，所有这些风险和危险都是值得的，因为人生最大的冒险，就是没有任何冒险。"

每个人一生都会遇到很多选择，学业、爱情、工作等，每一样都是风险与机遇并存。

如果你不敢冒险，虽然看似安全，但也因此失去了实现人生梦想的机会。

所以，与其悔恨遗憾，不如勇敢地去冒险一次，也许你的人生际遇就真的因此而改变。

最好的尽孝，不是以后

国庆节假期，表哥一家人决定回老家待几天。

表哥平时工作很忙，工作的地方离老家也很远，所以不经常回来，和父母主要通过电话联系。

这次回来，除去拜访岳父岳母的时间，表哥只在父母家待了两天，便匆匆返回了。

回去之前，母亲怜爱地抚摸着小孙子的头对表哥说："回来一趟不容易，不能再多待两天吗？"

表哥说："不行呀，还有工作呢，等春节回来时我再多陪陪您和爸。"

表哥从事的工作经常加班，有时遇到小长假，想回老家又觉得路途遥远，大包小包的东西收拾起来也很麻烦，而且儿子还有自己的出游计划，最后回老家的事便不了了之。

每次和父母打电话，老人家心里想儿子、想孙子，但也不敢轻易让儿子回家，毕竟工作要紧。

这次表哥好不容易回来一次，老人家更是舍不得让他走。

可是，表哥并没有多耽搁。毕竟到了上有老，下有小的年纪，一家人的生活都压在表哥的肩膀上，不努力挣钱，怎么给他们更好的生活呢？

表哥不是不想陪父母，真的是因为太忙了，很多时候身不由己。他想着，父母现在身体硬朗，也不需要太多照顾，等春节回家再好好陪陪他们也不迟。

有句话说："你永远不知道明天与意外哪一个先到来。"也许有时它们会接踵而至。

就像罗伯特·彭斯说的："再完美的计划也时常遭遇不测。"

表哥返回后的第二天，就接到家里的电话，说母亲从高处摔下来，全身多处骨折。

表哥吓坏了，赶紧买了车票，准备明天一早就回去。他在心里安慰自己，还好母亲只是骨折，没有性命之忧。

没想到，表哥半夜再次接到家里的电话，说老人家去了。

表哥听到这个噩耗，瞬间就懵了。

去了是什么意思，不是说只是骨折吗，怎么会要了母亲的性命？

母亲的身体一直很好呀，七十岁了，还能爬上爬下。

母亲怎么会突然离开呢，又怎么舍得突然离开？前天他离开家的时候，母亲还站在门口送他，车子走了好远，母亲还站在那里冲他摆手，直到车子拐弯，再也看不见。

可是，现在母亲就这么不告而别了，甚至连最后的告别机会都不给他。

表哥哭得歇斯底里，他就此与生他养他的母亲天人永隔了。

他再也吃不到母亲做的饭了，以前他还嫌弃母亲做饭不好吃，可是现在他却觉得那是人间难以寻觅的佳肴。

以前他嫌母亲唠叨，可是现在他多想再听听母亲唠叨自己几句，甚至希望母亲像对待小时候不听话的他那样，来骂他几句、打他几下。

他怨恨母亲，为什么没能等到他回家的那一刻，为什么没能让他再见一面；他更怨恨自己，为什么非要赶着工作，没能在家多待几天。

02

生活中的我们大都是马后炮，事情发生了才悔恨不已。如果当初我这样，如果当初我不这样……可是，人生真的没有那么多如果。

很多事情，你现在不做，就真的可能遗憾终生。

很多时候，我们都觉得来日方长，陪伴不在于一时，可是爱与陪伴真的需要你立刻行动。

时间都去哪儿了，我也不知道。只是走着走着，他们就老了；走着走着，他们头发就白了；走着走着，他们眼睛就花了。

你印象里的父母还是年轻时候的样子，你觉得他们还会陪伴你很多很多年。

你以为他们会永远在那里等着，在你人生迷茫的时候给你指导，在你事业有成的时候为你高兴。你说等自己工作稳定了，就带爸妈去旅游；你说等自己不忙了，就多陪陪爸妈。

可是，有时真的不是他们不愿意等，而是他们等不起，时间不给他们等待的机会啊！

你以为他们会一直陪在你身边，但其实不是的，他们也许会在某个不经意的时候突然离去，突兀得让你措手不及。

前段时间看了一个街头采访视频，一边看一边哭得稀里哗啦。

节目中主持人随机问路过的受访者："你有多久没有回家了？"

有的说几个月，有的说半年，有的说一年，更有甚者，说几年都没有回去过。

主持人又问他们回家后一般待多久。

有的说一个月，有的说半个月，有的说一个星期。

这个节目做了一个计算，如果常年和父母分居两地，一年当中，只有过节时大约六天能和父母相处，一天当中最多只有11个小时和父母待在一起，一年到头也只有66个小时。假如现在父母50岁，中国人的平均寿命是72岁，如果上苍眷顾，父母都活到85岁。在这35年中，也就是96天，三个月多几天的时间。

别以为父母活到85岁，你就还有漫长的三十多年能陪伴他们，其实细细算下来只有三个多月。

想想是不是很恐怖？

时间最公正，同时也最无情，爱和死亡同样霸道。

就像亦舒在《此一时彼一时也》中说的那个小故事一样。

有一架天梯，要去多高多远都可以，只要向上爬即可。但是，一步步向上的时候，下面的梯板就四处散落，换言之，只可往上，不可回头。

年轻时听见这天梯的故事只觉可笑："只要往高处之路不绝，有什么不好？"

现在回想，不禁恻然："啊，没有回头路。"

每向前走一步，代价是在这之前的那一步将永远失去。

生离死别便是如此，纵然黯然心碎，却又无法挽回。

03

龙应台在《目送》中写道："我慢慢地、慢慢地了解到，所谓父女母子一场，只不过意味着，你和他的缘分就是今生今世不断地目送他的背影渐行渐远。你站在小路的这一端，看着他逐渐消失在小路转弯的地方，而且，他用背影告诉你，不必追。"

不必追，即使想追也是追不上。我们唯一能做的就是珍惜现在，在他们渐行渐远直至消失之前多陪他们走一段路程。

别说再等等，也别再说下一次。因为时间不会等你，父母更是等不起。很多时候，你最后等来的只是遗憾。

最好的尽孝，不是以后，而是现在，这就是最好的时间。

以前一直不明白为什么父母害怕我走远，其实他们害怕的不是你飞向更广阔的天空，而是害怕你一去不返。

你有了事业、爱情、家庭、朋友，你变得忙碌起来，你把父母放在重要却不紧急的位置上。

而父母却始终把你放在重要且紧急的位置上，如果你需要他们，哪怕路程再远他们都会立刻赶过去，而我们却总是一拖再拖。

爱真的由不得拖延，而很多时候父母要求的也并不多，只是希望你常回家看看。仅此而已。

任何时候，你都应该好好说话

01

从泰国回来途经香港转机的时候，因为中间等待登机的时间比较长，大概有五个小时，所以就想在机场免税店买些化妆品。

逛了一圈，找到一家比较大的店铺。刚走进去，就听到一位女游客在跟售货员吵架，准确地说，是她在对售货员大吵大嚷。

这位女游客也是中国人，我能清楚地听到她说的话。

开始以为是售货员有什么地方做得不对，才惹得女游客如此发怒。细细听来才知道，女游客要求售货员送她几瓶化妆品小样，但她的消费额没有超过店家规定的三千港币，所以售货员没办法送她。

女游客说话的声音很大，她不能理解，为什么去年她只买了两千港币的东西就有小样赠送，今年却没有了；她也不理解，小样是店里的东西，又不花售货员的钱，为什么售货员就不能送她几瓶，把到手的生意往外推不是犯傻吗？

她觉得自己被欺骗了，她变得异常愤怒，完全不顾个人形象地在店里大吵大嚷起来。

售货员用蹩脚的中文礼貌地解释，希望女游客好好说话，稳定一下情绪。可是女游客说话的声音越来越大，似乎要让其他游客都知道这家免税店的"欺诈行为"。

不幸的是，店里大多数游客都是金发碧眼的外国人，不知道他们中有没有人懂中文，可以听懂她争吵的内容。

又是摔包，又是大嚷了好一会儿，女游客才被同伴强行拉走。

几位售货员相互用眼神交流了一下，一副很无语的表情，似乎在无声地指责女游客素质太差、毫无修养。

其实，这原本是一件小事。店家有店家的规定，售货员也只是按规定执行，作为顾客，就算有不满也不一定非要大吵大嚷。

心平气和地好好说话，也许能更快地解决问题。

顾客既然是"上帝"，说话做事就应该宽容有度，而不是以"上帝"自居，处处对为你服务的人颐指气使。

02

还记得有一次在海底捞吃火锅，正吃得津津有味，另一桌的一位男士突然暴跳而起，指着男服务员破口大骂。原因是一道菜上慢了，耽误了他们吃饭的时间。

男士目测四十多岁的年纪，西装革履、气度不凡。可是，这样一个看上去很有教养的人，却因为一点小事而大发雷霆，展现出一副很没有教养的模样。

男服务员唯唯诺诺地站在那里，不停地道歉，其他服务员也赶过来劝和，可是男士依旧不依不饶，扬言要投诉他。

最后店长过来训斥了男服务员，又给男士免了一道菜的钱，男士才收场。

曾经看过一句话："一个人的修养就在于他对服务员的态度。"

这句话有些过于绝对，但不得不说，它确实有一定的道理。

觉得自己花了钱来消费，就摆出一副高高在上的姿态，对服务员大喊大叫、吆三喝四。一旦对服务员有所不满，就仗着自己是"上帝"而蛮横无理，得理不饶人。

也许这样做确实能让自己显得很有震慑力，但同样会引来别人鄙夷的目光。

因为当他为一点小事而发怒的时候，他的个人形象也在这一刻轰然倒地。

如果一个成年人在遇到问题的时候，首先想到的不是心平气和地解决问题，而是选择以言语攻击，甚至是人身攻击来表达不满，那么他本身不是思想不成熟，就是缺乏教养。

03

听到过这样一句话："对你好，对服务员不好的人，不要和他同座。"

现在想想，还是挺对的。人前人后态度反差太大，对不同的人不同对待，不尊重他人的劳动，对陌生人没有一点宽容之心，这样的人大多是没有修养的。

和这样的人为友，又如何能保证他在你背后对你就不是这个样子呢？也许你一转身，他就可能变脸。

撒切尔夫人说过："你的思想决定了语言，你的语言决定了行动，你的行动决定了习惯，你的习惯决定了性格，你的性格决定了命运。"

你说什么样的话，做什么样的事，间接地体现出了你的人品与修养。

也许很多人会说，我和他们又不熟，为什么说话做事要为他们考虑？再说怕什么呢，又没有熟人识破。

如果大家都是这么想的话，文明从何谈起呢？我为人人，人人为我，不只是一句口号，它需要我们每个人实实在在地去实践。

何为教养，教养就是说话做事前能替别人着想，教养就是面对陌生人时也能好好说话。

可是，很多时候，我们都忘了什么是谦卑，什么是教养。

假如你到一座陌生的城市，不小心迷了路。你彬彬有礼地问一个陌生的路人，路人冷冷地回了你一句，然后急匆匆转过身去，和同伴说笑着走远了。

这时，你的心瞬间冰冷，就连这座原本向往的城市，也让你觉得失去了人情味。

如果路人很耐心地帮你指路，你的心就会温暖如春，对这个城市的爱也会加深几分。

04

面对熟人时，我们大多彬彬有礼、懂得谦让，不仅不自私，反而很无私。

面对熟人时，我们能尽自己最大的能力，为他们解燃眉之急。

我们能奉献出自己的爱心，帮他们渡过难关。

面对熟人时，我们善解人意，尊老爱幼，言语温和，愿意忍让，甚至牺牲小我。

可惜，在面对陌生人时，我们的道德面孔是另外一张。我们会变得自私，爱占各种小便宜，情绪急躁，永远显得不耐烦……

教养和贫富没有关系，身家上亿的人也有没教养的行为，相反，出身贫寒的人也有谦卑待人的习惯。

很多人以为板着面孔、严厉苛责，才能让别人对他心生敬意。其实，真正让别人打心眼里敬服的一定是那些温文尔雅，懂得好好说话的人。

良言一句三冬暖，恶语伤人六月寒。

虽然陌生人与我们的生活没有太多交集，但面对陌生人时好好说话，是我们个人修养的体现。一个真正有教养的人，不仅对熟人宽容有度、温柔可亲，也会对一个陌生人以礼相待。

俗话说，多个朋友多条路。陌生人有可能成为你的朋友，而熟人也有可能与你形同陌路。所以，把你的教养展现给所有你接触的人，才是正确的做法。

要么趁早改变，要么停止抱怨

01

大学毕业之后，很多同学都回老家工作了。

问其原因，无外乎大城市工资不高，物价不低，买不起房，生存压力很大。而回到小城市，找一份安定的工作，不仅可以多多陪伴父母，而且房租、吃饭的钱都节约了不少。如果要求不高，这样的生活确实要舒适轻松很多。

曾经，我也是这么想的。大城市人那么多，房租那么贵，工作压力那么大，真的不明白为什么很多人都挤破头往大城市钻。

刚毕业的大学生，每个月工资几千元，去掉在大城市的房租、吃饭、交通等费用后，几乎所剩无几。

特别是女孩子，人大了，想化更精致的妆容，想买款式更新潮一点的衣服，想穿更优雅的高跟鞋，想拎更有质感的包包，这些都需要钱。也许你会说女孩子简单朴素最好，追求物质的女生都太过虚荣，可是这真不是虚荣的事情。

爱美，追求美好的东西本来就是人的天性。

在大城市生活，如果工资不是很高的话，即使买几百元一件的衣服，也需要思量很久。

回到老家，工资哪怕不是很高，养活自己也足够了。

很多女生最后都选择了回老家，就连很多男生也因为在大城市买不起房，只好回到老家工作定居。

02

以前，我一直觉得选择在大城市奋斗还是回到老家安居，对自己的影响都不大。

至少我曾一度回到老家，待了很长一段时间。

起初，我也觉得在家的感觉真好。

父母每天做好美味的饭菜，干净又健康，自己挣的钱统统用来吃吃吃、买买买，老家人大都互相认识，办起事情来也方便很多，生活压力确实很小。

可是，一段时间过去之后，我越来越觉得自己的思维与老家的很多人格格不入。

他们的思想相对保守，会为一点鸡毛蒜皮的事争争吵吵，一天中有将近一半的时间在讨论家长里短。

以前觉得回到老家，就像落叶归根一样，找到了归宿感，可后来发现，自己与这个生我、养我的地方早已有了隔阂与疏离。

相信很多人都和我有同感。

你与老家的人说着相同口音的话，却无法在内心达到共鸣。

慢慢地，你开始向往那个有压力但也同样让你浑身充满动力的大城市。那里虽然工作压力大、生活成本高，可是那里有更多的包容性，那里有许许多多像你一样的热血青年，那里能让你找到更多情感寄居的场所。

03

留在大城市，还是选择回老家？

这是一个让很多年轻人深觉困惑的难题。

上学时，村里的老师教导我们，出去了就不要再回来了，要努力飞向更广阔的天地去，这里太小，回来只会束缚你们的自我发展。

以前还不能理解，现在想想是有道理的。

在小地方待久了，思维会固化，斗志会被磨灭，职场会面临天花板，整个人也会变的慵懒起来。

而在大城市，你接触到的人与事，以及你的价值观念都会不断更新，你的思维更容易跟上社会的节奏。

当然，这只是就我个人的观点。

毕竟每个人的生活经历、思想观念都不同，不管是哪一种选择，都可以说是正确的。

有舍必有得，想得必须舍。

很多人说留在大城市是一种固执，明知道在这里生活艰难，为何不换一种更轻松点的生活方式；有人说回老家是一种怯懦，是因为害怕大城市的压力而选择退缩的行为。

其实真的没必要把一个人的选择上纲上线，每个人都有选择适合自己的生活方式的权利。

一辈子不长，最重要的事情不是在哪里生活，而是如何好好生活，以及如何让自己生活得更好。

如果你觉得自己更适合岁月静好、种花遛狗的安逸生活，并且享受老家的风土人情，那么回老家一定是更好的选择。

如果你喜欢繁华，富有激情，勇于挑战，向往有一天可以在大城市打出一片小小的天地，为自己、为子女提供更好的生活，那么大城市无疑更适合你。

　　不管哪种选择，选择了就坚定地走下去，不要一边享受着大城市的繁华，一边又向往着老家的安逸，或者一边享受着老家的安逸，一面又后悔自己当初没有留在大城市放手一搏。

　　这样，辛苦的其实是自己。

　　所以，选择了，就把它看作最好的决定，然后努力去坚守。

　　如果真的发现自己选错了，要么趁早改变，要么停止抱怨。